别让坏情绪害了你

中国纺织出版社

内 容 提 要

面对坏情绪，别给自己的精神套上枷锁。应不急不躁，随遇而安，以一颗平常心面对生活，学会享受精彩的生活。善待自己，就别让坏情绪害了你。

本书阐述了坏情绪给人们带来的诸多危害，总结了一系列控制坏情绪的有效方法，发人深省又富有深意，可以帮助那些遭遇坏情绪的人过上满足而又有意义的生活。

图书在版编目（CIP）数据

别让坏情绪害了你／海波编著.--北京：中国纺织出版社，2017.12 （2024.4重印）

ISBN 978-7-5180-4509-9

Ⅰ.①别… Ⅱ.①海… Ⅲ.①情绪—自我控制—通俗读物 Ⅳ.①B842.6-49

中国版本图书馆CIP数据核字（2017）第315158号

责任编辑：闫 星　　特约编辑：李 杨　　责任印制：储志伟

中国纺织出版社出版发行

地址：北京市朝阳区百子湾东里A407号楼　邮政编码：100124

销售电话：010—67004422　传真：010—87155801

http：//www.c-textilep.com

E-mail：faxing@c-textilep.com

中国纺织出版社天猫旗舰店

官方微博http：//weibo.com/2119887771

北京兰星球彩色印刷有限公司印刷　各地新华书店经销

2017年12月第1版　2024年4月第4次印刷

开本：710×1000　1/16　印张：14.5

字数：212千字　定价：68.00元

凡购本书，如有缺页、倒页、脱页，由本社图书营销中心调换

前言

成功学大师奥格曼狄偌写过这样一段文字：潮起潮落，冬去春来，夏末秋至，日出日落，月圆月缺，雁来雁往，花飞花谢，草长瓜熟，万物都在循环往复的变化中。对于那些无法控制自己情绪的人，或许能从这句话中受益颇多。

人总有遭受坏情绪席卷的时候，或许因为某个人，或许因为一件事，所以长时间不能释怀。坏情绪，不仅会影响我们的生活，而且会影响日常的工作。正所谓“冲动是魔鬼”，坏情绪一方面会影响自己的身心健康，另一方面还会伤害别人，损害人际关系，造成不必要的隔阂。所以我们要学会化解坏情绪，将之转变为积极的力量。从某种意义上讲，人的成长过程，就是管理自己的过程，最关键的是控制自己的不良情绪。

一个人的情绪，很容易受到外界的干扰而发生变化，而坏情绪往往是幸福快乐的杀手。坏情绪起源于人的不好感觉，每个人既有开怀大笑的愉快时刻，也会有万念俱灰、焦急紧张等不愉快的时刻，这些都是人的一种情绪表现或情感体验。常见的坏情绪有焦急情绪、抑郁情绪、恐怖情绪、强迫情绪等。而且，比起积极情绪，坏情绪让人感觉更强烈，至少得碰到两件好事，才能抹掉一件程度相仿的坏事带来的坏心情。所以，别让坏情绪害了你。

在佛法修行中，就是通过坐禅，让一颗容易激动的心变得冷静、平和。当我们遭遇糟糕事情的时候，需要超长的承受力、忍耐力，正所谓“小不忍则乱大谋”；遭受委屈的时候，需要冷静、理智，克服每个困难，这样才能走向成功。

编著者

2017年9月

第1章　坏情绪从何而来：找到坏情绪的根源……001

掌握小情绪周期变化规律……002

选择最适合自己的生活节奏……004

心情也需要假期缓解疲惫……006

劳逸结合，别让坏情绪趁虚而入……009

转移注意力，远离坏情绪的困扰……011

积极自我暗示，战胜消极心态……014

第2章　让爱捣蛋的负能量乖下来：忍得住的人生不后悔……017

用积极的心态面对负面能量……018

高情商的人不受坏情绪困扰……020

追根溯源，从根源解决坏情绪……023

心静如水，经得住坏情绪的挑逗……025

心向阳光，用自信打败负能量……028

懂得放下，方能收获轻盈的心……031

第3章　学会勇敢释放你的情绪：没有情绪的人生是种缺憾 …· 035

及时缓解自己的负面情绪 ……………………………………………036

克服紧张情绪，优雅面对人生 ………………………………………038

合理“发泄”负面情绪 ………………………………………………041

寻找发泄坏情绪的方式 ………………………………………………044

坏情绪要及时缓解……………………………………………………047

第4章　扫去挫折的“败气”:为自己打开成功的天窗 ………… 051

失败不要气恼，用心吸取经验 ………………………………………052

想成大事，先锻炼自己的忍耐力 ……………………………………055

调整情绪，“偃旗息鼓”还是“迎头赶上” …………………………058

别伤了“元气”，低调才能更好地“休养生息” ……………………060

面对困难不气恼，冷静方能转败为胜 ………………………………063

第5章　别让嫉妒毁了你：活出更好的自己………………………… 067

嫉妒源于你心底的狭隘与不自信 ……………………………………068

别急着嫉妒，找出自己的“失败点” …………………………………070

热衷贪恋虚荣，最终只会害了自己 …………………………………073

“羡慕，嫉妒，恨！”不如“努力，奋斗，拼！” …………………076

别总是嫉妒别人，做最独特的自己 …………………………………079

忍得了他人的“坏”，容得下他人的“好” …………………………081

努力拼搏，做一个让别人羡慕的自己 ……084

第6章 不要独自生闷气：拔出心底伤害自己的杂草 ……087

肯定并欣赏自己，千万不要自己生闷气 ……088

百气自生，清理自己生气的导火索 ……090

别放大自己的错误，犯个错没什么了不起 ……093

不自信地退却比失败还要可悲 ……096

悲观的心境，只会让自己气郁沉沉 ……099

不跟他人比较，你就是独一无二的 ……100

第7章 排出焦虑的精神毒素：不要总是苛求自己 ……105

让人生免受焦虑的折磨 ……106

豁达人生，做自己就好 ……108

悲观的心境，会令自己更加焦虑 ……111

无须讨好所有人，讨好自己更重要 ……113

第8章 别跟自己较劲：卸下压力给自己松松气 ……117

给自己的压力越大，往往“气”越多 ……118

放松自己，有效释放心理压力 ……121

适当的压力能让自己更有活力 ……124

用开怀大笑，败一败自己的火气 ……126

选择一种好的方式，释放内心的压力 ……130

炎热夏季，警惕“情绪中暑”……132

没有糟糕的环境，只有糟糕的心境……135

第9章　别让愤怒控制你：再愤怒也不能失控……139

别心急气躁，冷静才能解决问题……140

明智的人懂得控制情绪……141

发怒，是用别人的错误惩罚自己……143

面对生活，怀揣一颗宽容的心……146

第10章　摒除自负情绪：得意忘形是失败者的标志……149

别让自负毁了你的前程……150

放低姿态，境界方能高远……151

三人行，必有我师……153

别因为你的优势而得意忘形……155

空杯心态，练就从头开始的勇气……157

别让虚荣心阻碍你前进的路……159

第11章　扫除沮丧情绪：拥有屡败屡战的强大魄力……163

生活不会因为沮丧而改变……164

挫折会把你磨炼得更强大……166

坚强，鼓励自己挺过去……168

让希望之花在心间绽放 ······ 170

相信自己定能走出困境 ······ 172

淡然处之，何必计较得失 ······ 175

第12章　远离不满情绪：欣然接受更易获得快乐 ······ 177

改变不了环境，那就改变自己 ······ 178

别让抱怨情绪毁了原本的美好 ······ 180

学会安慰自己的小情绪 ······ 183

你所拥有的，就是你的幸福 ······ 186

接受现实，走出失败的旋涡 ······ 188

用心品味平淡中的快乐 ······ 190

第13章　给负面情绪找一个出口：让坏情绪释放出来 ······ 195

让烦恼找到发泄的空间 ······ 196

让压力在睡眠中得以缓解 ······ 198

释放内心，大胆说出你的心情 ······ 199

偶尔，我们也需要“吵一吵” ······ 202

放松自己，迈开脚步去旅行 ······ 204

行动起来，甩去眉头的乌云 ······ 207

第14章　选择用好心情去驾驭生活：你选择快乐，快乐才会选择你 ··· 209

想不想做个快乐的人，由你选择……210
随心而动会让你的心情更美……212
付出比接受更能使人快乐……214
好心情，让生活更多彩……216
自信，让你绽放光彩……218
不要让自卑影响好心情……220

参考文献……222

第1章

坏情绪从何而来：找到坏情绪的根源

在生活中，如果你不懂得对自己的情绪作一番梳理，就很容易陷入坏情绪的陷阱。坏情绪从何而来？你的情绪有没有规律？如何才能排除坏情绪？我们需要了解的还有很多。不健康的心态有很多：过于计较、自我封闭、自卑等，这些心态都会给自己带来负面的情绪。总之，要想改变自己的负面情绪，首先应该弄清楚坏情绪从何而来，是不合理的认知还是不健康的心态，只有追根溯源，才能从根本上转化自己的坏情绪。

掌握小情绪周期变化规律

巧巧发现，自己的老公亮哥这几天不知道怎么了，每天也不怎么说话，对自己好像也很冷淡，总是躲在一旁看书、上网。有时巧巧忍不住去接近他，亮哥就很不耐烦地对他说：“我忙着呢。”巧巧感到莫名其妙，跟自己的朋友抱怨说：“亮哥这个人其实挺好的，一直以来对我非常照顾，可是不知道最近怎么了，感觉很冷漠，有时候会无缘无故发脾气。奇怪的是每到月底基本上都会这样，也不知道是怎么回事。”

不懂得情绪周期的年轻人，常常会对自己的情绪感到莫名其妙，有时候毫无来由地心情不好，干什么都提不起精神；有时候却情绪高涨，干什么都很积极、乐意。为了更好地控制自己的情绪，我们需要在学习过程中了解自己的“情绪周期”，否则我们的生活将会混乱许多。

张亮亮在一家公司做销售，平时压力非常大。后来他看了一些心理学方面的书，了解到了自己的情绪周期，大概是每个月25号到月底，那几天整个人一点精神都没有，客户也不想见，什么事情都不想做，只想早点回家睡觉。

按理说，看了这本书之后张亮亮应该会作出一些调整，可他却形成了一种恶性循环。他会在20号前就开始担心着情绪周期到来，心里非常害怕；而在情绪周期来的那一两周，整个人非常压抑，脑子里会乱想，没一点心思工作，脑子很沉，呼吸也不是很正常，休息的时候却又总想着

工作，导致失眠多梦。后来张亮亮觉得自己快受不了了，甚至有种逃离的想法。

了解情绪周期是好事，可以帮助我们更好地调节情绪，但是如果你像张亮亮一样，那一切将会适得其反。情绪周期是每个人情绪的晴雨表，我们可以据此安排自己的工作：情绪高涨的时候，可以安排一些难度大、较烦琐的工作；而在情绪低落时，要多出去散散心，参加一些娱乐活动，多和朋友聊聊天，以寻求心理上的支持，从而安全地度过情绪低潮期。

那么，我们该如何把握自己的情绪周期变化呢？可以试试这个方法：以一年中的某个月为例，纵行为日期；横行为不同的情绪指数，包括兴高采烈、平平常常、伤心难过等。每天晚上花点时间想想当天的情绪，在与之相符的一栏打上记号。过些日子，把这些记号连接起来。不久你就会发现一个模式，这就是你的情绪韵律。这项测试通常很准。当你掌握了自己的情绪周期规律后，你就可以有准备地对待自己接下来的情绪，保证自己维持健康的心理状态。

在日常生活中，我们应如何对待这种周期性的情绪变化呢？

1.平常心看待

把情绪周期性看成一种正常的现象，并且对情绪低潮期的来临作好充分的心理准备。一般来说，没有多大情绪问题的人，情绪周期性变化对其学习和工作不会产生太大的影响，所以不必太担心或紧张，否则会适得其反。

2.提前作个准备

我们不要紧张，要根据自己的情绪周期表，对自己哪天会情绪低潮提前作个心理准备，以积极的心态面对消极的情绪；或者可以当情绪低潮到来的那天有意识地回避一些容易引起自己不快的事情，避免坏情绪给我们造成危害。

3.转移注意力

当感受到坏情绪入侵而又难以自拔时，我们可以转移注意力，及时打破静态体验，比如欣赏欢快轻松的曲子，选择性地看场电影（指内容要有所选择），散散步，和他人交流、谈心等，都能够把我们的情绪带到另外一种状态中。

大家知道，天气阴晴变化，我们无法左右，但是我们可以改变自己的心态。人的情绪有着一定的规律，关键看你如何管理。想要呈现一个美好的自己，就要有所行动，有所选择，选择“晴朗的天气”，而不是沮丧的“雨天”。

选择最适合自己的生活节奏

这个世界节奏太快，快得让每个人都得绷紧了弦，甚至随时奔跑起来。空气中似乎弥漫着紧张压抑的气息，我们的表情和行为都充满了紧张，我们总是感到焦虑和不安，紧张已经像一张大网牢牢地伸到每个人的生活和工作中。但是，我们应该驻足思考一下，这样的生活真的适合自己吗？自己在这样的生活中是否感到愉快或积极？如果不是，那我们真的应该想办法调整一下自己了。合适的才是最好的，才是最利于自身发展的，一味地追求快速而忽视了身心及周围的美好，那就得不偿失了。

在同事们看来，王艳是一个做什么事都要“慢半拍”的人；在周围的朋友看来，王艳是一个“大事糊涂，小事不糊涂”的人。乍听这样的评价，一定有人觉得王艳是一个生活混乱、邋里邋遢，对生活中的大小事都不上心的宅女，其实不然。王艳只是一个典型的坚持慢节奏生活的人。

每天早上，王艳宁愿早起，也不想快速奔跑去赶公交或地铁；一日三餐，王艳宁愿少吃，也不愿狼吞虎咽。工作时，王艳会在一个漫长的周

期里制作出出色的方案，而不是玩上半个月，最后三天通宵加班。别人都说她慢，她说这是在享受生活。她也像别人无法理解她一样地无法理解对方，常常质问那些风风火火的同事：“亲爱的，你为何不能给自己一个休憩的时间，在这个时间里屏气凝神感受一下轻松的气流，为何不能为此刻的宁静感到幸福呢？”

周日，王艳会选择一天中的一餐，午餐或者晚餐，认认真真地对待，花时间去体味食物的香气、味道和口感，恨不得为一道美味赋一首诗或做一篇文。回家后，王艳会在椅子上蜷作一团，花几个小时享受纯粹的阅读或思考。如果思路通畅，她会将内心的感受和想法变成文字，写在她的日记本上。如果朋友来访，她会花时间倾听朋友的言语，对悲伤者给予安慰，对欢喜者给予祝福。有时候她甚至不去说，只是花长时间听对方讲话，仿佛那些话本身就是一件值得欣赏的作品。就这样，她慢慢地让欣赏、品尝、享受、散步、沉思和闲适融入了自己的生活，也变成了她独特的存在方式。

在追逐利益的物质社会中，很多人都以此为借口令自己的生活慢不下来，但快速的生活节奏让人们失去了太多，不仅是健康，还包括对生活的享受、热爱和激情，以及对周围一切事物的体会和感动。每个人的生活节奏都可以适当地放慢一点，多留一些私人时间去享受生活中的乐趣，这样的人生才会少有遗憾。

调整生活节奏也是一种远离干扰的方法，它们能让你从干扰导致的痛苦中解脱出来。譬如，你可以选择这样做。

1.放慢自己的心态

我们可以适时地体味一下禅式生活，这样的生活能让我们的心足够沉静，心速足够放慢，在舒展中欣赏和品味一切。我们大可不必行色匆匆、步履匆匆。我们可以放慢脚步，更重要的是放慢心态，来感受和体会生活。

2.处理好计划与变化的关系

“节奏感”最具体的表现就是有计划。计划，就是对今天和明天要做什么事有一个提前的设想和安排，然后按照计划去实施，做到有条不紊。但是我们通常很难达到完全按照计划行事的目的，意外和突变是最平常的了。所以，要讲究节奏，就要先处理好计划与变化的关系。

3.不要总是攀比他人

人总是在攀比，尽管很累，却总是想上面一层会更好；上了一层，又想再上一层会更好。于是，人们总在不停的忙碌和疲惫中比较。比较到最后，突然觉得自己好像什么也不是。所以说，还是做好自己吧，别人的不一定适合自己，唯有属于自己的才能给予自己最幸福的人生。

4.学会利用时间

一般说来，善于利用时间的人，通常也较能发挥自己的潜能。这种人绝不会为时间所役，使自己陷入“糟了！来不及了！”的失措状态中。面对时间，我们的态度应积极而主动，努力做时间的主人而不是奴隶。

想要拥有更高质量的生活，想要人生更为幸福，当然离不开健康，健康是进行一切活动的基础和前提。把控好自己的生活节奏，不过于急于求成，也不消极堕落，这是对自身健康问题的重视，这是一种态度，也是一种智慧。诚如是，才有可能创造健康的人生、辉煌的人生。

心情也需要假期缓解疲惫

人生在世，纷繁的社会、嘈杂的生活、紧张的工作都会让我们感觉很累，很多人经常为了一些琐碎的小事而焦虑不安。这个时候我们应该学会释放情绪，给自己的心情放个假。不管你是旅游，还是与朋友小聚，还是自己安静地做些自己喜欢的事情，这些都是不错的选择。放松是为了自己

更好地前进，为了让自己的精神更为饱满，不要让自己过度疲惫，前进的路上，请记得给自己休休假。

陈颖近来工作特别紧张，已经连续加班好几天了。周末，她决定一个人去逛逛街，放松一下，摆脱最近的紧张情绪。

陈颖走着走着，看见一家小店铺，里面有一条仿白金的项链，是条新式的链子，上面有一个绿色的椭圆形宝石做吊坠，旁边还有一对仿白金的小翅膀。店主说："这叫'天使翼'，适合皮肤白的女性佩戴，配你正好，简单又大方。"陈颖想起这条项链配自己那件紧身墨绿色毛衫正合适，于是就买了，十分高兴地走出了店铺。

刚走几步，又看见一个美甲处，陈颖想做美甲，平时总是担心浪费时间，今天没有任何任务，时间是自己的，于是安心坐了下来。"要做复杂的，还是简单的？"店主问。"复杂的吧。"于是店主在陈颖的指甲上绘了白色的底色及浅蓝色的花、玫瑰红的花蕊，又在外面涂了一层保护层。做好后，陈颖伸出手细细欣赏着，非常精致，显得自己的手特别白。

从美甲店出来，前面就是广场了，里面有许多卖首饰的，有一个耳环，红色的珠子，黄色的水晶，很精美。店家说："拿下来你戴上看看，很漂亮。"陈颖笑着说："我还没打耳洞呢！"不过那些耳环实在是太可爱了，陈颖决定过几天打个耳洞，再把头发扎起来，戴副合适漂亮的耳环，可能让自己更具有女性魅力。

陈颖就这样一路漫无目的地随意溜达，最后走进超市，买了丈夫爱吃的花生、牛肉、大虾，高高兴兴地回家了。陈颖想：一个人无所事事随意瞎逛，没有任何任务，还真是特别放松。

是的，生活在这个高效率、竞争极度激烈的社会里，大家不得不加快脚步奋进，这也导致许多人在忙忙碌碌中失去了悠闲，失去了生活的情趣。但是不要忘了，一味地坚持并非上策，有度地休息，才是良方。假如你是为了生活而生活，那生活原本的滋味就失去了。

心情也需要足够的时间去休息，当心情“体力”充足的时候，全世界的一切都会变得可爱。当你热情地问候别人的同时，对方也会报以最真诚的笑容……给心情一个假期，也给自己一份轻松自在的感觉。

1.让心情适当地放纵

米卢说：“享受你所做的吧。”听听这个自由的声音！放纵是自由的终极，这一刻，这一生，不再拘束，醉一杯荒唐的酒，放纵了自由心。大声唱歌、大声说话、大声欢笑，尽情才是自己。在这混杂的城市中，在繁忙的工作后，倦了，就该放纵自己，停下来，喘口气。

2.好好休息一下

人生犹如剧场，有时你会对上演的剧目和自己所扮演的角色感到厌倦。好好休息一下，放宽心，你才能在每天清晨醒来后精力充沛地开始工作和学习；在各种矛盾充斥着的社会中，在巨大的压力下，你才能及时调整，开心地度过每一天。

3.选择合适的休闲方式

休闲就像进补一样，往往是进什么，就补什么，所以我们要对休闲方式尽心选择。旅行、跑步、健身、种花、郊游、听音乐、和朋友交流，培养新的兴趣，参与积极的社会活动……这些都是积极的休息方式，可以让我们的情绪得到彻底地放松。

4.调整好充足的时间

时间紧张，就会担心事情做不好，那也就谈不上放假了。若每一样事都多打出些时间来，就能不慌不忙，从容不迫了。最好的办法就是永远把表适当拨快一些，时时刻刻用表面上的时间警惕自己，如此则既不误事，又可轻松。

朋友们，如果你的生活整天就是围绕着家庭和工作，忙碌而又枯燥，那你的情绪定然不会健康、积极。适当地休息一下吧，让自己沉淀下来，回归到自然中，释放一下你的疲惫和压抑！让思想去旅行，用心去品味美

好的一切，这样你才能感悟人生的真谛，感受生活的美妙。

劳逸结合，别让坏情绪趁虚而入

现代社会生活节奏加快，生存竞争加剧了人们的心理负担。时有发生的负面情绪如果不能及时排解，就会令个体心理压力加重，最终引发身心疾病。为了避免和减少这些致病因素对人体的影响，控制情绪成为这一切的重要前提。但是，想要控制情绪，你就必须先了解情绪发生的原因是什么，找到坏情绪的源头才能找出解决的办法。

梁雨是个职场精英，凡事要求尽善尽美，她知道职场女性很容易因为工作的忙碌而忽略家庭，所以不管上班有多累，她都会把家庭照顾好。每天早上六点多，她就起床为老公和儿子准备早餐，吃过早餐后，把餐具收拾妥当，简单打扫一下房间，之后送儿子上学，看着儿子进校园，自己再去公司。忙碌了一天，下班接儿子放学，回家做晚餐，做家务，陪儿子写作业。她平时工作比较忙，加班是经常的事，好不容易有一天能休息，还要洗没完没了的脏衣服，送儿子去学英语和小提琴。

这种没停歇的日子让梁雨很疲倦，整天事无巨细地操心着怎么能把日子过好。周末，她去商场给儿子买衣服，路过一间咖啡厅，透过落地玻璃窗，梁雨看见靠窗而坐的几个女人正在谈话，她们都和自己的年龄差不多，脸上却洋溢着青春的神采，那种优雅和恬淡的笑容让梁雨羡慕不已。

看到这一切，梁雨明白，自己繁杂的生活和工作内容已然让自己丢失了本该拥有的属于自己的休憩空间，这一切所带来的疲惫让自己本该享受的生活变得很繁重。痛定思痛，梁雨决定来个彻底改变。回家后，梁雨跟老公定了一个协议：夫妻轮流“执政”，就是说，这周是梁雨操持家务，下周就轮到老公管理这个家，休息日可以自主支配。这回梁雨的时间充裕

起了，虽然一开始看到老公做家务笨手笨脚时也想插手管管，但她还是忍住了——就体现一回“民主”吧！

休息日，梁雨喜欢伴着音乐读一本书，或者驾车到郊外呼吸新鲜空气，在大自然中领略不同以往的惬意和舒适。她发现，生活是那么美好，自己从前没有感受过喜悦，有的只是压力，这一切就是因为自己一直埋头于生活而忘了生活本该的样子，让琐碎的事情蒙住了向往美好的眼睛。

过了一段时间，梁雨发现了自己身上的变化，她整个人轻松了很多，公司的同事都说她越来越年轻了，老公也夸她仿佛回到了二十多岁的时候，儿子更是自豪地说自己有个漂亮妈妈。现在的梁雨是同事眼中的“女强人”，是老公眼中的完美妻子，是儿子眼中的优秀母亲，这一切都让梁雨开心和骄傲。

朋友们，谁都有疲惫的时候，谁也都有莫名地心烦意乱的时候，这时候应该怎么做呢？是对这种情绪听之任之，还是积极应对呢？不理不睬只会让自己变得越发消极，我们应该做的就是找出坏情绪的根源，把问题解决，只有这样，我们才能让情绪保持在积极的状态下，让身心更为健康。

深入了解自己的情绪

如果希望情绪帮助我们获得幸福和成功，就应该认真地审视一下自己的情绪特点，看看它是积极的、正面的，还是消极的、负面的。如果我们的情绪趋向正面乐观，就可以继续发扬光大。如果自己是一位情绪悲观的人，就要注意及时地调整自己的情绪。

2.不断地进行自我反思

当自己总是持续地感觉心情不好的时候，我们要在安静的时候反思一下，问问自己到底是怎么了，为何如此消极倦怠，想想这段时间以来发生了什么事，这些事该如何处理，把能解决的事情迅速解决。这样，一切矛盾处理掉了，我们的心情就会慢慢好起来。

3.努力让自己保持好心情

我们左右不了什么时候刮风、什么时候下雨，但我们可以左右自己的心情。快乐不仅可以让我们心情舒畅，还可以促进身体发育，使身体强健。所以，我们每天都应该带着快乐出发，让快乐奏响人生的每一个节拍。

如果你觉得自己近段时间的心情比较失衡，此时你就应该检讨一下了，“最近我这是怎么了？我为什么心情不好？我需要做些什么来调整自身情绪呢？”如果体察到情绪处于不良状态，就要尽量把注意力转移到其他事情上，比如说外出散心、与三五好友小聚等。

转移注意力，远离坏情绪的困扰

娜娜被公司辞退了，非常痛苦。娜娜找心理专家去咨询，一见到心理专家她就哭了，并泣不成声地说：“我好惨呀，我多么不幸啊，我怎么养活自己和家人啊，我这一辈子都不知道怎么过啊……”心理专家对她说：“姑娘，你被公司辞退是你自愿的。”娜娜吓了一跳，说：“你说什么呀，我怎么可能自愿被辞退啊？”心理专家对她说：“你被公司辞退一次，但在你的心里天天心甘情愿地被公司辞退一次，那你一年下来，就被公司辞退了365次。”“这是怎么回事？”娜娜不解地问。“在你身边发生了一件不好的事情，即当你遭遇逆境时，你好像看到了一场不好的电影一样，天天在回想，这不是很笨的事情吗？这就叫重蹈覆辙，你知道吗？”这时，娜娜恍然大悟，是啊，一直以来，自己沉浸在被辞退的痛苦中无法自拔，倘若自己的注意力一直盯在这件事上，那自己永远都不会快乐起来的。

人总有情绪低落的时候，也许因为一个人，也许因为一件事……总让

人久久不能释怀。当人的情绪处于低潮时，对任何事情都提不起兴趣。所以，如果你总想着那些伤心的事情，会使你陷入思维沉迷与情绪急乱状态中；但如果你将注意力转移，对原来痛苦的体验便会被阻隔。

佳佳和杨昊是一对年轻的夫妻。起初，他们的生活非常甜蜜，但是后来，摩擦逐渐增多，两人看到一点不顺心的事情就会向对方发脾气，把家里变成战场。为此，双方都十分苦恼，却又感到无能为力。

直到有一天，杨昊厌倦了，他改变了策略，局面慢慢发生了变化。

一天中午，佳佳再次因为一点儿小事开始对杨昊发脾气。看着愤怒的佳佳，杨昊没有像往常一样用“唇枪舌剑”反击到底，而是迅速穿好衣服，抓起公文包，离开这个“是非之地”，到办公室里去工作。

起初，杨昊没有心情工作。但是在网络上打了两局游戏之后，他的心情变好了。经过几个小时的努力，杨昊竟然完成了之前三天都没有做出来的策划案。这让他非常有成就感，生活似乎又充满了希望。于是，他就哼着歌、高高兴兴地“下班”了。

路上，杨昊路过一家花店，突然想到很久没有给佳佳送花了，就买了一束红玫瑰。

回到家，佳佳刚开口质问杨昊去了哪儿，杨昊就递上玫瑰花，赔着笑脸认错，然后解释自己这几个小时做了什么，为什么买花，并且重温了两人过去的美好回忆。渐渐地，佳佳的脸色缓和了，接过了花，转身去厨房为杨昊做饭了。

每个人都有不良的情绪，这很正常，我们不要把这些情绪压抑在心中，因为一味地压抑心中的不快，会使我们的身心越来越疲惫。因此，除了进行自我调节和消化外，我们还应该学会把注意力分散到它处，转移情绪，让它尽快释放出来，并寻求更好的解决方式，将负面情绪减小到最低程度。

不要再为拥挤的交通而烦躁，乘车时你可以看看沿途的风景，可以听

听愉快的歌曲，让自己从焦躁的坏情绪中抽离出来，将眼光放在自己感兴趣的问题上。所以说，转移注意力是一种非常有效的自我控制法，人们通过注意力的转移，可以瞬间化解坏的情绪，让自己恢复平静，获得好的心情。

转移注意力是一种非常有效的自我控制法，但是很多人并不真正理解要如何进行转移，其实转移注意力可以通过以下几个途径：

1.与知己谈谈心

多结交一个朋友，你就多了一个世界，你的目光便不再只集中在自己的身上了。同时，你也可以把你的痛苦、烦恼和朋友聊一聊，这在一定程度上能减轻你的痛苦，减轻你的压力。当你陷入痛苦中无力自拔的时候，不妨去结交一个知己，把你的注意力转移到对方的身上。

2.投入到自己的兴趣爱好上

散步、看电影、看电视、读书、打球、聊天，这些让人觉得轻松的事情可以在很大程度上转移你的注意力。它不仅有效地中止了不良刺激对你的作用，防止不良情绪的蔓延，还能通过参与新的活动，特别是自己感兴趣的活动而达到增强积极情绪的目的。

3.停下来，休息休息

当对眼前的工作感到烦闷时，不妨停下来休息一会儿，这也是转移注意力的方式之一。比如，起来活动一下手脚，如果方便可以跳一跳、做做体操、洗洗脸。因为运动可以使大脑放松，减轻疲劳，还可以发泄情绪。所以，注意力不集中时不要消极地躺着，更不要封闭自己。

转移注意力进行减压的方法并不是适合所有人，只是更适用于那些压力相对较小的人。值得注意的是，用这种方法减压进行的活动不能逾越法律及道德的围墙，否则将得不偿失。很多人由于压力过大，偏激之下选择暴力行为宣泄情绪，最终走向法律的牢笼。

积极自我暗示，战胜消极心态

在生活中，总有些人认为自己不行，久而久之，这些人也就真的变得不行了；还有些人总是自信满满，结果这些人也就真的得到了他们想要拥有的。其实，这在很大程度上说明自我暗示会影响我们的生活。

自我暗示，即人自我施予或从环境中以不明显的方式吸取信息，自己无意中受到这些信息的影响，并做出相应行动的心理现象，是一种被主观意愿肯定了的假设。人们通过自我暗示，可以调整自身消极低落的心态。

富兰克林·罗斯福曾经是个非常瘦弱胆小的男孩，无论见到谁，他幼稚的小脸上总是充满惊恐的表情。天生胆小怯场的小罗斯福，每次被老师叫起来回答问题时，总是脸涨得通红，紧张得全身发抖，讲话也是断断续续、含糊不清。

如果是一般小朋友像他这样胆怯，可能就不会再去参加任何活动了，也会越来越封闭自己，不与任何朋友交往，只知躲在一角顾影自怜，唉声叹气。然而，小罗斯福却没有这样，他勇敢地面对自己的弱点，尽管同伴们经常嘲笑他，他也不放在心上。当紧张时，他坚定地说："只要我用力地咬紧牙关，尽力阻止它们颤动，过一会儿我就能让情绪稳定下来！"小小年纪的罗斯福，每一天都在坚定地告诉自己："不管怎样，我都要成为一个坚强的人！"当他看见其他小朋友蹦蹦跳跳地参与各种体育活动时，他便也强迫自己去参加，不管体力能否承受得了。与他接触过的每个人都能从他坚毅的目光里，看到他坚定地想要成功的决心。而当紧张产生时，他会给自己鼓气："我一定可以！"

渐渐地，小罗斯福克服了紧张，也克服了身体上的缺陷，因为拥有不屈不挠的精神，他终于能够勇于面对任何恐惧或有困难的事。喜欢广交朋友的罗斯福，对于交际也有一个很实用的原则，他认为："与人交朋友是一件快乐的事情，只要我用真诚、快乐的态度与人交往，即使我的相貌

很差，人们也仍然愿意与我交往，因为每个人都喜欢与快乐为伴，不是吗？”为了让自己更勇敢、更强壮，高中前罗斯福都会利用假期时间加强体能训练，而他也正是凭着这种自强不息的精神与自信，最终成为美国的第32任总统。

潜意识的力量是无穷的，只要你能够正确地运用它，它就会为你的人生带来自信和成功、幸福和快乐。用积极的自我暗示配合积极的行动，我们就会在不断增强的自信心的护航下，无往不胜，到那时，就没有任何事情是不可能的了。

如果你把积极的心理暗示当作一种习惯，那么你将会变得越来越充满希望、变得更加积极阳光，你的正能量将会越来越多。此时此刻，改变自己吧，让消极的思想远离自己，给自己一种积极的自我暗示，并且让这种意识融入你的思维习惯中。

1.把当下的失败看作最后一次

每个人都会有不顺的时候，试着在失败时对自己说：“这是最糟糕的了，不会再有比这更倒霉的事发生了。”既然“最糟糕的事”都已经发生了，还有什么可怕的呢？当你在最不顺利的时候给自己这样的心理暗示，会增强心中的安全感，也会给自己信心。

2.相信自己的能力

你是否曾经仔细地思考过，上天赋予你的重大使命是什么？而你是否已经在这一使命的激励下勇敢地前行？任何时候，都别忘记对自己说一声：“我天生就是奇迹。”本着上天所赐予我们的最伟大的馈赠，积极暗示自己，你便能开始成功的旅程。

3.方法要得当

自我暗示也要讲求一定的方法，在心理上得到慰藉的同时我们依旧要正视现实，并利用这种好心情来让我们更好地去提高自己，改变现实。如果只是沉浸在自己的这种自我暗示中，并把它当作是现实，那我们就真的

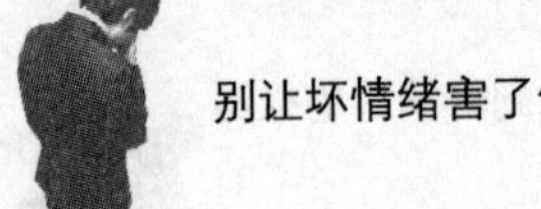

成为了像阿Q这样可悲的存在了。

其实，精神力量是无穷的，它能帮你打败黑暗、走出困境。对于人的生命而言，要想活下来，只需要维持生命的食物就足够了。但我们既要活着，又要活出精彩，这就需要有广阔的心胸、坚强的意志和相信自己能行的智慧。

第2章

让爱捣蛋的负能量乖下来：忍得住的人生不后悔

成功大师卡耐基认同一句话："如果你背后有阴影，别担心，那是因为你前面有阳光。"事实上，在这个世界上，那绚丽多彩的阳光从来都是分布得不均匀的，在许多不为人知的角落，或许只有阴影和阵阵寒意。只要我们忍得住脾气，那些喜欢捣蛋的负面能量就会消停。

用积极的心态面对负面能量

假如一个人心中的负能量高于正能量，长时间下去，这个人的心理就会崩溃。在生活中，如果把任何事情都当成一种负担，人们就有可能生活在压力、痛苦、烦躁和苦闷之中，渐渐地被负能量所围绕。我们应当把每一件事情当成一种习惯，因为习惯能让一个人在潜移默化、不知不觉中成为自己梦想的那个人。每个人一生中都会面临两种选择，一是改变环境去适应自己，二是改变自己去适应环境。既然负能量是潜在的，是我们无法忽视的，那我们何不积极地改变自己，正确引导各种负能量成为自己前进的正能量呢？当然，即便我们不能把负能量转化为正能量，也需要想办法创造正能量，这样我们才能面对真实的自己。

亚当因为忧郁症引发了胃溃疡。有一天晚上，亚当出现胃出血，被送到医院急救。在医院，他体重急速下降。亚当的病情十分严重，以至于医生连头都不许他抬。而且，医生认为他的病已经无药可救，而他只能靠吃苏打粉、半流质食物生存，每天早晚都需要有护士拿着橡皮管插进胃里给他洗胃。

这样痛苦的日子持续了好几个月，终于，亚当对自己说："安息吧，亚当，要是除了等死，没什么其他指望的话，还不如充分利用你余下的生命做点什么。你不是想在有生之年周游世界吗，那么如果你还有志在此，就趁现在去实现吧。"

当亚当告诉几位医生自己要去周游世界，洗胃的事情他可以自己解决的时候，医生都大吃一惊。他们警告他："绝不可能，这简直是胡闹。如果你敢去环游地球，那只能葬身海底了。"亚当坚持回答："不，决不会。我答应过我的家人，我要葬在尼布雷斯卡州老家的墓地里，所以我打算让我的棺材随我同行。"

于是，亚当真的去买了一口棺材拉上船，然后和轮船公司商定，假如他死了，就把遗体放在冷冻舱里，直到回到家乡。就这样，他踏上了多年前规划的环球旅程，心里无限感慨。亚当从洛杉矶上了向东方航行的轮船。因为远离了医院，他心胸的开阔起来，慢慢地，他停止了洗胃，再后来吃喜欢的食物，而那些都是之前医生不让吃的东西。在几个星期之后，亚当还是好好地，而且抽上了雪茄，喝了几杯酒也没事。虽然，在旅行的过程中，他遭遇了季候风，在太平洋上遭遇台风，但是他在冒险中获得了极大的乐趣。

亚当和船员们在船上游戏、歌唱、认识朋友，通宵聊天。在中国和印度，他领悟到，家里的烦心事与自己见到的贫穷与饥饿问题比起来，简直是天堂与地狱。在那里，亚当把无聊的烦恼都抛到了脑后，感觉人生从来没这样快乐过。等他回到美国后，他发现自己体重增加了，甚至差点忘记曾经是胃溃疡患者。在那一刻，亚当觉得自己一生从来没这样健康舒适过，从那之后他再也没生过病。

在这里，亚当通过转移注意力，以旅行的方式来释放自己内心的负能量。一个被医生判死刑的人，在轮船上，微风荡漾，看着一望无际的大海，那种生的欲望就这样涌现出来。再加上亚当本身就是一个性格开朗的人，当心态放宽之后，内心的负能量就慢慢消失了，取而代之的是积极的正能量。正能量的释放，可以唤醒人内心最强劲的生命力，使得他所看到的世界都是美好的，在这样美好的世界里，自然是求生的欲望更强烈一些。于是，在医学上称之为奇迹的事情就发生了。有时候，即便医生判你

死刑，也不是不可改变的事实，只要你怀着活着的信念，那就一定能战胜心中的负能量，从而有可能战胜病魔。

一个人若是背着负担走路，那么，再平坦的路也会让他感到身心疲惫，最终，他会因为不堪生活的压力而走向不归路。如果我们能平复心境，试着把那些沉重的负担当成一种习惯，用轻松、淡然的心态去看待问题，心境便会变得澄明，所有的负能量便会缓解，那负担也许会变成一种精神上的享受。人们应该记住，当自己被负能量压得喘不过气来的时候，要学会通过正确的途径释放负能量。

1.通过正确途径释放负能量

那些因负面情绪积聚而成的负能量就好像一颗毒瘤，如果你任由其发展，那它会越长越大，甚至会影响到我们的身心健康。对此，我们应该积极寻找正确的途径释放负能量，比如转移注意力，让自己的生活变得忙碌起来，积极创造正能量等。

2.负能量只有得到了合理的释放，才能转化为正能量

有些人对于心中存在的负能量选择逃避的方式，他以为逃避了就可以创造出正能量。其实，只要你没有对负能量进行合理的释放，那它随时都在影响着正能量的创造。我们只有将潜在的负能量释放出去，才能间接将其转化为正能量。

高情商的人不受坏情绪困扰

在生活中，那些情商高的人，往往会选择“心静”，而不是生气。情商，其实就是情绪智力，主要是指人在情绪、情感、意志、耐受挫折等方面的品质。生气，从来都不是高情商人的选择，他们只会努力修炼自己的心境，塑造积极乐观的心态，让自己经得起怨气的挑逗。

薛尔德太太住在密歇根州沙支那城，她以前是靠推销《世界百科全书》之类的书籍生活，后来因为有了家庭便辞去了工作，那时候虽然日子不富足但是也过得很安乐。但是很快，她安逸的生活就陷入了苦难。1937年，她的丈夫死了，她几乎身无分文，这令她非常恐慌。那段时间，她的精神极度颓废、崩溃，甚至差点自杀。后来，她给以前的老板奥罗区先生写信，请求他能让自己做回以前的工作。于是，她四处借钱凑足了分期付款的钱买了一辆旧车，她又开始推销那些书籍为生。

薛尔德太太希望能够通过繁忙的工作来抵消自己的颓废和不安，可是她很快发现不行。毕竟她的丈夫已经不在了，只有她一个人驾车，一个人做饭吃，一个人生活，这所有的一切都令她无法承受。而她的工作也带给自己一些困扰，有些地方根本就卖不出去书，业绩不太好，虽然她买车的钱不是很多，但是对于她来说还是很难凑齐。她整天觉得心情很沮丧，对生活也没有什么希望，她甚至绝望得又差点自杀。

有一天，她读到了一篇文章，正是文章中的一句话让她活了下来：“对一个聪明人来说，每天都是一个新人生。”这句话令她精神振奋，于是，她把这句话打印出来，贴在汽车前面的挡风玻璃上，以让自己开车的时候能随时看见它。薛尔德太太发现每次只活一天一点都不难。就这样，她摆脱了孤寂和恐慌，觉得生活很幸福，工作业绩也上去了。

遭遇生活的打击之后，薛尔德太太每天都在跟自己、生活生气，她精神极度颓废、崩溃，甚至差点自杀。后来，虽然找到了工作，但失去丈夫的她还尚未从打击中恢复过来，她依然觉得生活毫无希望，每天心情很沮丧，对生活也没什么希望，甚至绝望得又差点自杀。直到她读到了“对一个聪明人来说，每天都是一个新人生”，这句话给了她新生的力量，她不再生气，而是意气风发地工作、生活，她逐渐感受到那种久违的幸福。而在这个过程中，薛尔德太太逐渐从一个低情商女人成为了一个高情商女人，她所拥有了是积极乐观的心态，以及较高的情绪控制能力。

从前，有一位禅师，他十分喜爱兰花，在平日讲经之余，禅师花费了许多时间来栽种兰花，弟子们都知道禅师把兰花当成了自己生命的一部分。

有一次，禅师要外出云游一段时间，在临行前，禅师特意交代弟子："要好好照顾寺庙里的兰花。"在禅师云游的这一段时间里，弟子们都很细心地照料着兰花，但是，有一天，一位弟子在浇水时不小心将兰花架碰倒了，于是，所有的兰花盆都跌碎了，兰花也洒了满地。弟子感到十分恐慌，并决定等禅师回来后，向禅师赔罪。

过了一段时间，禅师云游归来，听说了这件事，便立即召集了所有的弟子们，非但没有对那位弟子责怪，反而安慰道："我种兰花，一是希望用来供佛，二是为了美化寺庙环境，而不是为了生气种兰花的。"

禅师喜欢兰花，是一种情感的自然释放，虽然自己辛苦培植的兰花被弟子弄坏了，但自己所铸就的是良好的心态。所以，在得知自己的兰花已经被损坏后，禅师不仅不生气，反而安慰弟子，希望以此减少弟子内心的愧疚感。

所谓的高情商，其实就是聪明的另外一种说法，但这并不是智力上的聪明，而是人们生活能力上的，比如如何为人处世、控制自己、控制情绪，是否关心别人以及是否能有效地激励自己。高情商是人们的协调者、创造者，是幸福生活的推动者。

1.把每一天当作新的一天

高情商的人们，会把每一天都会当成新的一天，当他们这样想的时候，他们已经精神百倍地去开始新的生活了。生活中无论发生了什么事情，他们从来都不生气，因为在他们看来，每天早上醒来，能够自由地呼吸，能够灿烂地微笑，那就是一种幸运。

2.打开心灵的另一扇窗户

其实，人生就是这样，它注定就是一条充满曲折、困难的路，或许，烦恼无所不在，但是，面对这样一些事情，只要我们能够尝试着打开心灵

的另一扇窗户，以一种积极、乐观的心态去面对，你就会发现，所谓的烦恼根本不存在。

追根溯源，从根源解决坏情绪

有人说：“经常性的坏情绪就好像不断地感冒一样，会很严重地影响自己的表现。”尽管，在斗气的时候，每个人都会意识到这是愚蠢的行为，会严重影响自己的生活和工作，但心中的那团怒火越烧越旺，难以浇灭。实际上，当怒火攻心的时候，我们应该试着平静下来，找到坏情绪的根源，然后斩草除根，将怒火扼杀在萌芽状态。权威的心理学家也表示：破解坏情绪的关键是，一定要找到生气的根源在哪里。

心理学家讲述了这样一个案例：

那天，一位貌似大学生样子的女孩走进了我的心理咨询室，刚一坐下，她就开始向我“控诉”：“前两天我正在准备一次重要的考试，可是，就在前天晚上，隔壁王阿姨带着一对双胞胎女儿来串门，我暗示王阿姨说，我明天要考试，需要安静的环境。但是，妈妈特别喜欢那对双胞胎，极力挽留王阿姨再玩一会儿，小孩子很顽皮，我本来想静下心来好好复习功课，结果她们在外面嘻嘻哈哈，我一点也看不进去，愤怒之余，内心感到一种委屈，不禁趴在桌上大哭了一场。这时，又想起之前的种种不顺利的事情，结果越哭越伤心，几乎整个晚上都在哭，第二天感觉晕乎乎的，只得昏昏沉沉地去考试，当然，这次考试很不理想。”

我听完了她的讲述，明白了这是怎么回事，我慢慢帮助她解开生气的源头：“这样看来，你似乎挺喜欢生气的。从你刚才的讲述中，我可以知道，你其实有自己的房间。一开始，你也可以告诉两个孩子别闹，说这样会影响自己学习，这样就可以互不干扰了。后来，你在屋子里复习功课，

其实，不知道你发现没有，真正扰乱你心绪的并不是小孩待在家里所发出的声音，而是你内心对于这件事一直耿耿于怀，由于你心里太在乎这件事情，只要意识到小孩的存在，就会感到心烦意乱，更不用说她们真正地来影响你了。”听了我的话，她点点头，说道：“嗯，我感到十分委屈，每次我遇到了重要的事情，总是被别人影响，这样，白白浪费了我的许多时间和精力。”

看着她那痛苦而又无奈的表情，我试着用理解的口吻说道：“你不要着急，其实，你应该清楚自己为什么总是那么容易生气，主要是你以前处理问题的方式不对。每个人的生活都不可能一帆风顺，总是会遇到这样或那样的麻烦，但是，如果这些问题没有得到及时解决，往往会产生较坏的影响。时间长了，在你心中就形成了这样一种思维定式：一旦遇上问题，就会采取消极的反应方式，诸如发脾气、斗气等，于是，生气就成为了你固定的条件反应。其实，任何事情都是可以解决的，只要你积极地思考。遇到事情不要总是闹情绪或生气，你可以试着平静下来，或者向值得信任的朋友倾诉一番，这样，你的心里就会豁然开朗了。”当她走出我的心理咨询室的时候，我清楚地看见洋溢在她脸上的笑容。

如果在熊熊大火燃烧起来之前，我们能够及时地找到火源，并将其彻底地浇灭，使之不再复燃，那我们易怒的情绪就很容易恢复到平静的状态，这对于我们的工作和生活也是很有益的。反之，如果坏情绪的根源不被彻底清除，就会变成我们成功路上的绊脚石。有时候，我们之所以失败，并不是因为缺少机会，或者能力不足，而是因为坏情绪这个绊脚石的影响。

心理学家认为，一个人心中的坏情绪是一点点郁积起来的。或许，在刚开始，我们的心情只是稍微有点不愉快，但是，如果这时候再遇到一系列令人头疼的事情，这样的情绪就会升温，火势便迅速蔓延开了，最终所形成的结果无异于“火山爆发”。一旦我们对愤怒的情绪失去了控制，我

们便会失去理智，自然也就很容易错过成功的机会，甚至作出一些错误的判断，下一些错误的指令。所以，在愤怒情绪即将爆发之前，我们应该想办法及时地彻底清除生气的根源。

1.坏兴趣的根源往往是小事情

虽然，在生气的时候，恶劣的情绪会从心中不断地涌现出来，它们如同火山下喷涌的岩浆，不断加温、加热，以至于在最后的时刻爆发出来；不过，如果我们追根究底，却往往发现那些在不断积累的怨气只是一件件微不足道的小事情，由小积大，最终成为我们坏情绪的根源。对此，当我们弄清楚了生气的根源之后，就只需要找到合适的办法去解决就可以了。

2.彻底浇灭坏情绪的根源

在生活中，我们应该明白：阻碍大火向四处蔓延的唯一有效方法是彻底消灭火源。到底什么才是那大火的引燃物？自己生气的根源到底是什么？事实上，只有我们自己最清楚，毕竟，在这个世界上，没有无缘无故的气，它始终是源于一个点。

心静如水，经得住坏情绪的挑逗

在酷热炎暑之时，白居易拜访得道高僧恒寂大师，却见禅师安静地坐在密闭如蒸笼的禅房内，且并不像其他人那样汗如雨下。对此，白居易很受震动，作诗曰：“人人避暑走如狂，独有禅师不出房；非是禅房无热到，为人心静身即凉。”禅师的心境已经变得如水一样平静，无论面对酷暑，还是不如意的事情，他都安静地坐着，似乎任何坏情绪都感染不到他，这才是真正虚怀若谷的境界。辽阔的大海，平静的水面一望无垠，若是向大海里投入石头，无论多大或多小，似乎都激不起多少浪花，它还是那么平静，这就是大海的心境。同样的道理，对于一个人来说，要想自己

能够克制内心的坏情绪，我们需要有大海一样宽阔的心境。

白隐是一位修行很深的禅师，不管面对他人的什么评价，他都是淡淡地说一句：“就是这样的吗？”

在白隐禅师居住的寺庙旁边，住着一对夫妇，他们有一个漂亮的女儿。有一段时间，夫妇俩发现自己女儿的肚子无缘无故大了起来，这种见不得人的事情，怎么会发生在自己家里呢？夫妇俩十分生气，他们严厉逼问自己的女儿：“到底是谁的孩子？”女儿在父母的再三追问之下，终于吞吞吐吐地说出了“白隐”两个字。夫妇俩听了，马上怒不可遏地去找白隐理论，白隐大师听了，不说话，既不为自己辩护，也不生气，只是心平气和地说：“就是这样的吗？”于是，那个孩子生下来了后，夫妇俩就将孩子抱给了白隐，这时，白隐禅师已然名誉扫地；但是，白隐并不生气，他的内心似乎就像平静的湖面，已经激不起半点浪花。每天，白隐都会细心照料那个孩子，有时候，他向邻居乞求婴儿所需要的奶水和其他生活用品，都会遭到邻居的白眼，甚至是冷嘲热讽，但是，白隐大师依然处之泰然。

一年过去了，夫妇俩的女儿还没有结婚，她终于不忍心再欺骗下去了。有一天，她向父母吐露了实情：白隐不是孩子的父亲，孩子的生父是住在同一栋楼的一位青年。夫妇立即将女儿带到白隐那里，向他道歉，请他原谅，并将孩子带回家。白隐依然平静如水，只是在交回孩子的时候，他轻声说道：“就是这样的吗？”仿佛什么都不曾发生过一样，即使发生过什么，也像那波光盈盈的水面，微风吹过，又回归了平静。

古人曰：“无故加之而不怒，猝然临之而不惊。”在生活中，无论我们遭遇了怎样的指责和非难，都应该像白隐大师一样，随时保持心理上的平静，经得住怒火的挑逗，因为任何事情总会显露出它本来的面目，我们所需要做的就是等待。而且，时间过去，怒火也平息了，好似从来不曾发生过什么一样。在我们身边，经常会发生这样或那样的误会，有时候就是

小事一桩，时间长了我们也就忘记了，何必一定要让波涛汹涌打破平静的水面呢？

从前，有位老禅师，一天晚上，禅师在院子里散步，突然看见墙角边上有一张椅子，他一看就知道有人违反寺规越墙出去玩了，老禅师没有声张，而是走到墙边，移开了椅子，就地而蹲。不一会儿，果真有一个小和尚翻墙，黑暗中踩着老禅师的背脊跳进了院子里。小和尚双脚着地的时候，才发觉刚才自己踏的不是椅子，而是自己的师父。顿时，小和尚惊慌失措，张口结舌，但是，出乎意料之外，师父并没有生气，也没有严厉责备他，而是平静地说："夜深天凉，快去多穿一件衣服。"小和尚战战兢兢地走了，后来，他再也没有违反寺规越墙出去玩了，在老禅师的细心指教下，他也成为了一位得道高僧。

在老禅师无声的教育中，小和尚没有被惩罚，而是被教育了。由此可见，老禅师所悟的是禅，但修的更是"心"啊！面对他人有意或无意之间所造成的错误，如果我们心中充满了怒气，甚至希望别人能遭遇不幸或惩罚，在这样一个过程中，我们已经失去了平日那种轻松的心境和快乐的情绪。

一位老妇人在50周年金婚纪念日那天，向来宾道出了自己保持婚姻幸福的秘诀。她说："从我结婚那天起，我就列出了丈夫的10条缺点，为了我们婚姻的幸福，我向自己承诺，当他犯了这10条错误中的任何一条的时候，我都不会生气。"有人好奇地问："那10条缺点到底是什么呢？"老妇人回答说："老实告诉你们吧，这50年来，我始终没有把这10条缺点具体地列出来，每当丈夫做错了事情，气得我直跳脚的时候，我马上提醒自己：算他运气好吧，他犯的是我可以原谅的那10条错误当中的一个。"如水一样平静的心境不仅能为我们带来美满幸福的婚姻，还可以宽慰我们的内心。这样一来，幸福、快乐的生活离我们还会远吗？

1.坏情绪害人害己

一位结婚的女士这样说道："我脾气很坏，常常容易生气，有时候会

因为老公的一点脸色而郁闷，甚至，不安于平静，总是想弄出点响动。但是，闹过了吵过了，最终却把自己搞得伤痕累累，伤了自己，同时，也伤了别人。”如此看来，恶劣的坏情绪，既伤害别人又伤害自己。

2.学会修炼自己的内心

学会修炼自己的内心，让它变得像水面一样清澈平静，即使向里面投进了一块大石头，也不会激起半点波纹。心的内涵是不见底的，我们所能做的就是努力克制自己的不良情绪，争做情绪的主人。

心向阳光，用自信打败负能量

卡耐基说：“不论压力有多大，每个人都能坚持到夜幕降临；无论多么艰难，每个人都能尽力完成一天的任务。在从太阳升起到落下的一天里，我们都能够真诚、愉快地面对生活，这就是生命的真谛。”当我们的心向着阳光时，还会给阴霾天气以可乘之机吗？一旦我们拥有了阳光心态，就能彻底地摆脱负能量。其实，一个人自身内心的负面情绪、心理、思想等，比如嫉妒、陷害、攀比、贪婪、懒惰等，这些因素都会将人们的行为引入负面效应，这样就会产生负能量。因此，我们要学会控制自己的负面情绪、心理，避免将内心那些不愉快的情绪转化为负能量，否则只会给自己身心带来诸多的伤害。

安迪年轻时在某钢铁公司上班，有一次，他被派往一个远处的客户公司装配两台煤气结晶器，以清除杂质，使煤气完全燃烧并减轻引擎磨损。其实，这种清洗煤气的新方法只是第二次应用于工业生产中，技术还不够成熟，因此出现了许多意想不到的问题。安迪经过了反复调试之后，机器虽然勉强可以运转，但并未达到设计效果。

当时的情况令安迪感到震惊，他遭受了多年以来少有的重大打击，内

心的糟糕情绪使得他肠胃痉挛，疼痛难当，在很长一段日子里，他都寝食难安。经验告诉他，那些滋长在体内的负能量会越来越多，经过了一番思考，安迪终于想到了一个既可以解决问题，同时也可以消除负能量的办法。

安迪的方法分为三步：

第一步，坦然分析自己所面对的最坏结局，即便是彻底失败，老板会损失两万美元，自己可能会丢掉工作，他也不可能去坐牢或者被枪毙，这是毫无疑问的。

第二步，鼓励自己接受这个最坏的结果，告诫自己，虽然自己的历史上会出现一个污点，但自己还能找到新的工作。至于老板，他们也知道这是在试验期，损失的两万美元还付得起，权当付了试验经费。接受了最坏的结果之后，他反而一身轻松，心平气和。

第三步，他开始把时间和精力投入到改善最坏结果的努力中去。他尽可能地采取一些补救办法，以减少损失的数额。经过几次试验，他发现如果再花五千美元买些辅助设备就可以解决问题。于是，老板按照安迪所提出的建议做了，结果公司非但没有损失那两万美元，反而赚了一万五千美元。

在最后，安迪补充说："要是当年我一直担心下去的话，恐怕永远不可能像现在这样功德圆满，因为负能量的最大恶果，就是毁掉一个人的专注力，负能量会让人思维混乱，无法作出正确的决定。然而，当我们迫使自己做最坏的打算，在思想上准备好接受最坏结果的时候，我们就能轻松掌控全局，因为真实的结果不会更糟了，这样我们就处于心理上的优势地位了，可以心无旁骛地去解决问题了。"在后来的几十年里，安迪一直使用这个摆脱负能量的方式，结果，在他的生活里可以说是不见忧虑和烦恼的影子。

在生活中，许多人遭受负能量的影响，却不知负能量究竟是如何侵入

自己内心的。其实，这一方面是因为人们没有清楚地意识到它的存在，另外一方面是因为他们没有明白忽略它可能带来的影响。不过，假如我们没有学会摆脱负能量的正确方法，那即便是认识到这样做的重要性也没有太大的作用。那么，有没有办法可以阻止负能量的产生，并防止它累计起来阻碍我们追求想要的生活呢?

1.能量守恒定律

根据能量守恒定律，能量不会凭空产生或消失，它只能转化为其他形式或转移到另外一个物体上，不过能量的总量是不变的。正能量是一种健康乐观、积极向上的动力和情感，不过，现代社会的快速发展使得越来越多的人开始感觉到正能量不足，他们开始愤怒、悲伤，感到前途渺茫，负能量开始滋长，同时正能量逐渐缺失。不过，只要我们摆正心态，在压力之下唤醒动力，那负能量就一定会消失，甚至转变为正能量。

2.不为小事烦心

哲人说："人生就像一朵鲜花，有时开，有时败，有时候面带微笑，有时候却低头不语。"无论人生这朵花几时开几时凋谢，我们依然会过着自己的生活。即便你刚刚遭遇了失恋的打击，你依然需要保证第二天八点整准时打卡上班，因为没有哪一家公司会为那些失恋的人提供假期，也没有人会关注到你眼眶红了没。因此，为了这样一点儿小事情，我们有必要烦恼吗?

3.摆脱负能量的万能公式

成功大师卡耐基总结出了摆脱负能量的万能公式：首先，你应该问自己，最坏的可能是什么；然后，不得不注意，你就作好准备迎接它；最后，镇定、坦然，想法设法就可能令最坏的情况得以改善。摆正好心态，即使天塌下来，也不是什么大不了的事情，还是努力享受眼前的美景吧。对于那些烦心的问题，如果实在找不到解决的办法，不妨先放一放，等到自己心情完全平静之后，再寻求解决的办法，那时说不定所有的问题都能

迎来柳暗花明又一村的光景。

懂得放下，方能收获轻盈的心

人生就像是负重前行，随着路程越来越远，我们所承受的压力就越来越大，身上的担子也就越来越重。同时，我们心中欲求越多，我们所承受的东西也将越来越沉重。就像一个背负重物的人，在行走的路途中，这样他也喜欢，那样他也舍不得放弃，最终，包袱就会压得他弯下了腰，但是，他依然舍不得丢掉一样东西，只能拖着艰难的脚步，一步一步向前挪动。有时候，我们得到的东西越来越多，感兴趣的东西却越来越少，那种来自心灵间的快乐也丢失了，可是，人生还是那么沉重、烦闷。对于每一个人来说，舍弃与得到是相得益彰的，当你得到的东西越多，越容易轻松的快乐；相反，当你鼓起勇气放弃了某种东西，就有可能收获最甜的快乐。

曾经有个人，他总埋怨生活的压力太大，生活的担子太重，他试图放下担子。因为他觉得很累，担子压得他透不过气来了。他听人说，哲人柏拉图可以帮助别人解决问题。于是，他便去请教柏拉图。柏拉图听完了他的故事，给了他一个空篓子，说："背起这个篓子，朝山顶去。可你每走一步，必须捡起一块石头放进篓子里。等你到了山顶的时候，你自然会知道解救自己的方法。去吧！去找寻你的答案吧……"于是，年轻人开始了他寻找答案的旅程！

刚上山时，他精力充沛，一路上蹦蹦跳跳，把自己认为最好的、最美的石头，都一个一个扔进篓子里。他每扔进一个，便觉得自己拥有了一件世上最美丽的东西，因此很充实，很快乐。于是，他在欢笑嬉戏中走完了旅程的1/3。可是，篓子里的东西多了起来，也渐渐重了起来。他开始感

到，篓子在肩上越来越沉。但他很执着，仍一如既往地前进。

而最后一个1/3的旅程确实是让他吃尽了苦头。他已经无暇顾及那些世界上最美丽、最惹人怜爱的东西了。为了不让沉重的篓子变得更重，他毅然舍弃了这些，只是挑选了些非常轻的、非常需要的或是必不可少的东西放进篓子。他深知，这样的舍弃是必要的。然而，无论他挑多轻的东西放入篓中，篓子的重量也丝毫不会减少，它只会加重，再加重，直到他无力承受。但最后，他还是背着篓子，艰难地踏上了这最后的1/3旅程。

可能，我们都听过这样一句话：远路无轻物。当然，并不是每一个人都有挑担的经历，但是，每个人都有负重前行的经历，出发的时候往往很轻松，但越行越远的时候，自己就感到举步维艰，甚至，会不自觉地抱怨为什么选了那么多的东西；但是，望着前方的路，依然不舍得放弃，只能挑着担子往前走。以至于我们达到了终点，再打开自己的担子，发现里面有很多东西都不是我们所需要的。或许，对每一个即将远行的人来说，能够收获一份简单的快乐才是最重要的吧。

王颖硕士毕业后留在了一所名牌大学任教，工作得心应手，很受学生们的欢迎。在三年的教学过程中，王颖已经在国家级刊物上发表了十余篇论文，还出版了一部专著。很快，学校破格提拔王颖为副教授，任命其为教研室主任。对此，身边的家人朋友都为她感到高兴，大家都认为，只要王颖能够继续走下去，教授、博士导师只不过是时间问题。可是，就在王颖事业如日中天的时候，她却做出了令大家跌破眼镜的事情。王颖毅然辞去了前途光明的大学教师，应聘到美国一家著名公司做一名普通的员工。

父母感到十分惋惜，忍不住问女儿：“你以前的工作不是挺好的吗，别人都是可望而不可即，你为什么选择舍弃呢？”王颖却说：“这么多年来，我最大的收获并不是金钱和名誉，而是努力挑战自己时，获得了乐趣，丰富了阅历，如果我继续在这个岗位上工作，我会感觉到苦闷。一直以来，我很看重自己内心到底想要什么，所以，我鼓起了勇气去舍弃，这

样，我才能感受最甜的快乐。”

或许，在别人看来，王颖的跳跃，并不是大家心目中完美的一跃，甚至，这样一跃存在着一定的风险。但是，王颖并不在乎世俗的衡量标准，她清楚地知道自己内心到底更想要什么，所以，她鼓起了勇气选择了舍弃。自然，在王颖的生活中，她感受到了一份简单的快乐。因为，一个人只有敢于去舍弃一些东西，才能够放下心中的怨气、烦恼，才能够轻松地争取一些东西。因为如果一个人什么都不肯舍弃，那么，他就没有多余的时间和精力去追求新的获得，不仅得不到快乐，反而会在郁郁中度过余生。

曾看到过这样一个故事：一位中国留学生初到美国的时候，只能靠在街边卖艺生存。当时，最赚钱的地盘是一家银行的大门口，中国留学生与一位黑人联手拉琴，由于他们配合得很好，得到了许多人的喜欢和帮助。后来，这位中国留学生用卖艺的钱进入大学进修。十年过去了，中国留学生成为了国际上知名的音乐家，而那位黑人还是在那家银行门口拉琴。有一次，他们相遇了，那位黑人开口就问：“嘿，伙计，你现在在哪个地盘拉琴？”这个故事给我们太多的启示：一个人懂得及时放弃，他才能收获更多，生活也将变得更加快乐；一个人必须鼓起勇气，放手舍弃，这样才能远离苦闷，从而感受最甜的快乐。

第3章

学会勇敢释放你的情绪：没有情绪的人生是种缺憾

情绪释放是人们继续生活的需要，当内心郁积情绪，不管是正面还是负面的，都应该寻找合适途径释放出来。否则，强忍欢笑或强忍痛苦，只会造成情绪拥堵，甚至会给身体带来不适。所以，我们要学会勇敢表达自己的情绪，因为没有情绪的人生是一种缺憾。

及时缓解自己的负面情绪

华盛顿·欧文说：“气度狭小就被逆境驯服，宽宏大量则足以把逆境克服。”因此，我们在生气时不要去压抑自己，要懂得接纳并调整自己的坏情绪。在日常生活中，我们常常会说到“发脾气”和“生闷气”，这两者之间有什么区别呢？发脾气，是指用语言、动作等显性行为将那些对某人或某事不满的情绪发泄出来，这是生气时的外在表现；生闷气，是指将那些不愉快的情绪压抑在心里，不外露，也就是赌气，这是生气时的内在表现。虽然从表面上看，无论是“发脾气”还是“生闷气”都是生气，但是，它们的表现方式大有不同。而表现方式的差异，将直接导致其后果的不同性。或许，有人认为发脾气会伤了彼此的和气，但是，如果我们发泄的前提是为了对方好，伤了和气又怎样呢？大量事实证明，人与人之间的关系并不如想象中那么和睦，如果有什么不开心的事情只会一味地生闷气，对方就永远不知道你的真正情绪是什么；而且，生活中多一些吵闹也并非一件坏事。

小萌刚刚大学毕业，尚不懂得如何讨上司欢心、如何恰当处理同事关系。当她找到了第一份工作的时候，父亲这样告诉她：“丫头，公司不比家里，在家里，我和你妈妈都会让着你，你生气了可以砸东西、大哭，甚至大骂，但是，在公司是绝对不行的，凡事需要忍耐，这样你才能赢得上司和同事的喜欢。”小萌点点头，踏着欢快的脚步走进了公司大门。

可是，两个月不到，小萌的脚步就变得无比沉重了。其实她在公司真的做得很好，大到公司老总，小到清洁阿姨，都十分喜欢小萌，因为小萌的脸上时刻挂满了笑容，从来不生气，从来不指责谁。同事都忍不住夸赞小萌："你的脾气真好，刚才这件事明明是主管自己疏忽了，他那样责骂你，你还是以笑容面对，换了是我，早就和主管对骂起来了。"小萌笑着点点头，心里在想：我的脾气也不好啊，当时我就想拿文件朝他脸上砸去了。可是，这毕竟是公司啊，不是在家里，这里不是自己撒野的地方。这种每天都需要伪装笑脸、强忍怒火的日子，让小萌感觉到很累，每次回到家里，小萌都忍不住发泄一番，心中的苦闷不知道向谁诉说。终于，在难忍之下，小萌拖着疲惫的脚步走进了心理咨询室的大门。

其实，人生在世，我们难免会遇到一些不顺心的事情，哪怕是一家人，也免不了"锅碗碰瓢盆"，于是，有人会生点气、发发牢骚，这是很正常的。在生活中，看不惯某些人和事，偶尔闹点情绪，埋怨、指责，这都不足为奇。而最不建议的一种状况是，不声不响，将不满情绪憋在肚子里生闷气。要知道，生闷气是一种极坏的生活习惯，不仅消耗自己的精力，还会引发疾病，影响身心健康。在三国时期，周瑜一个人生闷气，结果白白断送了自己的性命。这说明喜欢生闷气的人往往技不如人，且不善于调节自己的情绪，在一定程度上缺少一些谋略。

生闷气对我们的身体有极为严重的伤害：一方面，经常生闷气不利于心脏的健康；另一方面，也会影响我们身体的免疫系统的正常工作，从而引起大脑内的激素变化。对此，专家建议，与其闷在那里和自己生气，不如宣泄心中的不满情绪，懂得接纳生气的自己，努力调整自己的情绪，这样才能更有效地减少外界环境对人所产生的不利影响。

在某些时候，该发脾气时就发脾气，我们不需要刻意压抑自己的情感，因为不适当的压抑可能形成生闷气的习惯，结果会适得其反。不过，生活中的我们应该少生气，不能常生气，如果真的到了"怒不可遏"的地

步，那就干脆痛痛快快地发泄出来，这样有利于情感的释放，也有益于身心健康。

1.别做好好先生

有一位被大家公认“好脾气”的人这样说道：“其实，每次看到令我感觉不好的人和事，我内心都相当地生气，但是，我会极力克制自己，不断告诉自己‘要保持自己的形象，千万不要发脾气’，结果，每一次我都忍耐了下来。可是，时间长了，我发现，由于心中闷气的郁积，我的脾气越来越大，一点儿小事就可以让我的情绪变得无比激动，可又不好当面发作，常常是事情过去以后，我就气得砸东西。虽然，我是公认的‘好脾气’，但是，我好像已经陷入了恶劣情绪的旋涡了。”也许，总有一天，这位“好脾气”先生会忍不住爆发，而到那时他自己也成为闷气宣泄的陪葬品了。

2.发脾气比生闷气好

一些国外专家研究表明，发脾气比生闷气好。虽然，在大多数人看来，发脾气有损自己的修养和形象，似乎是一件伤大雅的事情，但是，科学家对此公布了一项研究结果：当人感到气愤而想发脾气时，如果能够及时宣泄出来，有利于自己的身体健康。生气、发怒并不是一件坏事，毕竟人有七情六欲，总不能强制压抑，否则怒气就会变成闷气，这样反而容易最终爆发崩裂。如果能够释放心中的怒气，发泄不满情绪，解除烦闷，反而会使身心感到轻松愉快。

克服紧张情绪，优雅面对人生

马克思曾说：“一种美好的心情比十副良药更能解除生理上的疲惫和痛楚。”然而，在现实生活中，有一种情绪时常困扰着我们，独自登台表

演或演讲的时候、与陌生人沟通的时候、在公众场合说话的时候……诸如这些场景，紧张的情绪总会冒出来困扰我们，影响我们的一举一动。有时候，紧张的情绪使我们怯场，内心有了退缩的念头；有时候，紧张的情绪让我们心中大乱，最终以失败而收场。总而言之，紧张的情绪似乎总是跟随着我们，势必要影响我们的言行举止才肯罢休，在紧张的心境下，我们似乎没有办法做好任何事情。所以，要想保持一份优雅，要想拥有一份美好的心情，我们应该努力克服内心的紧张情绪。

亚伯拉罕·林肯出生于一个农民家庭，他曾经是一个内心自卑却又渴望成功的人。

林肯当选为美国总统后，复杂而令人头疼的政事使他患上了抑郁症，在患病的那一段时间里，林肯经常失眠，内心时刻充满着紧张的情绪，甚至，他对自己的生活感到了绝望。每一次会议或者讨论，林肯都沉默不语，并不是他习惯于如此，而是源于他内心的紧张。后来，心理医生建议他“重新找回自信”，在医生的帮助下，林肯喜欢上了剪报。每天，他都会剪下报纸里对自己的赞美之词，然后揣在口袋里，这样，内心紧张的情绪就会减弱一点。每当有重大会议召开之前，林肯都会心情紧张，这时，他就会从口袋里掏出剪报，鼓励自己一番。“将别人的鼓励随身携带，以舒缓紧张的精神”，林肯一直到死都保持着这个良好的习惯。就在林肯不幸遇刺后，人们从他的上衣口袋里，发现了那些赞美他的剪报。

一位曾被紧张情绪困扰的人这样说道：“过去的我，性格非常内向，每天都感觉特别紧张，活得十分痛苦，当然，我尽力伪装，使自己显得很正常，但是，我非常清楚自己的心境处于病态中。当逃避和伪装让自己不胜疲惫的时候，我终于选择了面对，心里越是害怕与人沟通，我就越要与人主动沟通；越是不喜欢人多的地方，我就越给自己机会来面对人群。在这种与自己抗争的艰辛历程中，我得到了前所未有的历练和成长。”其实，紧张的情绪对于我们来说并不可怕，只要我们鼓起勇气，就能够克服

内心的恐惧，从而使自己变得优雅起来。

世界著名的男高音歌唱家帕瓦罗蒂曾参加过无数次演出，仅在美国纽约大都会歌剧院，他的演出就达到了379场。但是，像这样一位世界著名的艺术家在每次登台的时候，也忍不住会产生紧张情绪。帕瓦罗蒂认为自己的紧张情绪可能是遗传于父亲，其父亲是一位具有男高音天赋的人，但由于太过紧张而无缘于舞台。为了使演出显得更加完美，帕瓦罗蒂必须克服内心的紧张情绪。

刚开始的时候，帕瓦罗蒂通过暴饮暴食来摆脱紧张的情绪，每一次上台演出之前，他都要大吃一顿，这样才能缓解内心的紧张情绪。但是，暴饮暴食使他变得肥胖，而且，医生也对他发出了最后警告：“再这样吃下去，你将会有生命危险。”帕瓦罗蒂无奈地放弃了这种方式，转而寻找另外一种摆脱紧张情绪的方式。后来，他开始依赖一枚钉子。原来，在帕瓦罗蒂的家乡，流传着这样一个传说：生了锈的弯钉子会给人带来好运。帕瓦罗蒂相信这一传说，以后，在每一次演出之前，帕瓦罗蒂都会在后台昏暗的灯光下寻找一枚弯钉子。如果在演出开始时，他还没能够找到一枚弯钉子，那么，哪怕这场演出的报酬再高，帕瓦罗蒂也会拒绝出演。因为这一习惯，他不仅得罪了无数的朋友，而且，造成了美国芝加哥歌剧院永久地拒绝了他。后来，帕瓦罗蒂的这一习惯被慢慢传开来，那些承接帕瓦罗蒂演出的单位都会特意为他留一枚钉子。摆脱了紧张的情绪后，帕瓦罗蒂优雅地完成了每一次完美的演出。

赛车的时候，在那瞬息万变的赛道上，每一次判断和决定都是在毫秒之间作出的，因此，几乎所有的赛车手都有一个最大的通病，那就是——“紧张的情绪”。对于许多赛车手来说，彼此之间都有一个心照不宣的秘密，那就是许多人都会因为比赛过度紧张而尿裤子。舒马赫在赛车界中是数一数二的人物，然而，即使是这样一位大名鼎鼎的赛车手，他在每次比赛时也会紧张。为了缓解自己的紧张情绪，在每次比赛之前，舒马赫都会

玩一玩电子游戏，这样，他才能更加优雅地玩转赛车。

赵治勋被日本人称为“棋圣”，他在围棋界占据着极其重要的位置。然而，即使是这样一位大师也会紧张。在每一次激烈的对弈中，赵治勋都感到异常紧张，而一紧张就很容易出错。因此，为了缓解内心的紧张情绪，赵治勋总是要求工作人员准备一大堆火柴和废纸，在对弈的时候，他通过撕废纸和玩折火柴来舒缓自己紧张的情绪，这样，他才能对棋局运筹帷幄，最终赢得比赛。

1.放低对自己的要求

在生活中，要想克服紧张的心理，我们要努力把自己从紧张的情绪中解脱出来。心理学家认为：有效消除紧张心理，从根本上说是要降低对自己的要求。如果一个人十分争强好胜，每件事情都追求完美，那么，他就会常常感觉时间紧迫，内心自然充满紧张感。而如果我们能够清楚地认识到自己的能力，放低对自己的要求，凡事从长远打算，那么，心情自然就会放松。

2.克服内心的紧张情绪

其实，紧张的情绪是每一个人都有的一种心境，无论多么伟大的人，都未必能完全摆脱紧张的束缚。但是，只要我们能找到恰当的放松方式，就可以轻松地战胜内心的紧张情绪，最终赢得完美的胜利。

合理“发泄”负面情绪

有了烦恼、怒气，若不及时宣泄，必然会变成坏情绪，因此，当自己愤怒时，或者在坏情绪郁积的过程中，我们需要及时地将那些不满的情绪宣泄出去。当然，宣泄情绪的方式有许多种，而向他人倾诉是其中一种行之有效的方式。一个人生活在这个世界上，必然构建了一定的人际关系，

有家人，有朋友，有老师等，这些都可以成为他倾诉的对象。当我们向他人倾诉出内心的烦恼后，他们会为我们分担一些坏情绪的愁绪，以彻底溶解那些坏情绪的根源。可是，在现实生活中，许多人面对他人时却忌讳莫深，似乎伪装的面具就是坚强，无论自己有多少烦恼，有多么生气，也不愿向他人袒露，宁愿自己一个人死撑着。直到有一天爆发，别人才惊讶地发现："原来他心中藏着这么多不为人知的秘密。"为了不让自己被坏情绪所吞噬，学会倾诉吧，向自己的知己好友倾诉，他们会为你分担一些坏情绪。

快到凌晨了，李太太家里的电话铃声突然响了起来，李太太拿起电话："喂，你是哪位？"电话里传来了一个妇女的声音："我恨透了我的丈夫。"李太太感到莫名其妙："我想，你打错电话了。"但是，对方似乎没有听见，依然继续说下去："我一天到晚照顾两个孩子，他还以为我在偷懒。有时候我想出去见见朋友，他都不肯，自己却天天晚上出去，跟我说有应酬，鬼才会相信呢。"李太太打断了对方的话："对不起，我不认识你。"那位妇女生气地说："你当然不会认识我了，这些话我怎么能对亲戚朋友讲，到时候肯定会搞得满城风雨，现在我说出来了，舒服多了，谢谢你。"随后，那位妇女就挂断了电话。

虽然这位妇女的做法显得十分荒唐，但是，我们从中发现，一个被不良情绪所困扰的人，他其实很想把心中的忧愁和苦闷倾诉出来，哪怕对方只是一个陌生人。在电影《2046》里，梁朝伟将自己内心的秘密对着一个树洞倾诉，从中不难发现，每个人都有一种倾诉的欲望。有时候，心中的烦闷可能是关于隐私之类的话题，那怎么办呢？

李芳才三十岁的年纪，就独自经营了一家大型企业。或许，在旁人看来，李芳已经获得了人生的成功。可是，又有谁能知道李芳心中的苦闷呢？在李芳的家里，是属于男主内女主外的模式，老公在家带孩子，自己在外奔波辛苦。刚开始的时候，老公心中总满怀愧疚，常常告诉李芳：

“老婆，你一个人太辛苦了，都怪我，没本事。”因此，老公包揽了家里所有的家务，不让李芳操心，这让李芳感到由衷地欣慰。可是，好景不长，时间久了之后，老公变得越来越懒，连家务都派遣给保姆，整日游手好闲。如果李芳说他一两句，老公就会反驳：“我一个大男人在家里多辛苦，出去放松放松，又怎样？”渐渐地，两人关系越来越恶劣。

每次回到家里，李芳都感到身心疲惫，满腔怒火，却找不到地方发泄。每到凌晨，老公还没回家，李芳就气得在家里砸东西，可是，发泄过后，老公回家了，李芳就像没事一样。这样，时间长了，李芳心中坏情绪越积越多，作为公司董事长，她又不好在员工面前发脾气，只能憋在心里。偶尔，她想到朋友们，又不好意思开口，即使碰到朋友主动问道：“李芳，最近有什么烦心事吗？怎么看你脸色不太好？”李芳也总是推托两句：“没事啊，一切都挺好的，可能是工作太累了吧。”可是，没过多久，朋友就听到了李芳自杀未遂的消息。听闻此消息，大家都大吃一惊，怎么会这样呢？

有人说：“一个人如果有朋友圈子，就能长寿20年。”的确，向朋友倾诉内心的烦恼是排除坏情绪的有效办法。当我们有不良情绪出现时，有可能会越想越愤怒，越想越伤心，这时，不妨约个朋友，将自己心中的郁闷之气尽情地倾诉一番，在朋友那里寻求支持和解答，从而获得一种心理上的平衡。

俗话说：“当局者迷，旁观者清。”或许，那些对于我们来说不能解决的问题，在朋友的劝解之下，我们便会茅塞顿开，这样，心中的闷气就会得到最大程度的宣泄。对每一个深陷烦恼的人来说，朋友的倾听和理解才是最好的安慰剂，向朋友倾诉，不仅使郁闷情绪得到消减，心灵得到沟通，还能在倾诉的过程中增强友谊，分享快乐。

1.坏情绪可以让朋友分担

英国思想家培根说：“如果你把快乐告诉一个朋友，你将得到两个快

乐。而如果你把忧愁向一个朋友倾吐，你将被分掉一般的忧愁。”分担是一件有趣的事情，可以让我们的快乐加倍，让我们的痛苦减半。当你发现自己被那些怒气缠绕，而且无力摆脱的时候，千万不要让它憋在心中，要学会宣泄情绪，学会向好友倾诉心中的烦恼，让自己摆脱坏情绪的缠绕。面对不良情绪，唯有主动释放，理智宣泄，否则，后果将不堪设想。

2.在好朋友面前可尽情宣泄坏情绪

事实上，我们应该明白，在任何时候，好友都是我们心灵的伴侣，在朋友面前，又有什么可丢脸的呢？当然，倾诉自己的烦恼时，我们需要选择值得相信的朋友。朋友无时无刻不在身边，当我们遇到了不顺心的事情，可以拨打电话给朋友，向他们道出内心的烦闷，甚至可以在朋友面前发怒、哭诉，尽情宣泄心中的不良情绪。

寻找发泄坏情绪的方式

法国作家大仲马说：“人生是一串无数的小烦恼组成的念珠。”在日常生活中，烦恼、怨恨、悲伤、忧愁或愤怒等不良情绪都是常见的情绪反应，而生闷气是坏情绪的内在表现。一个人生闷气的时候，实际等于整个人都陷入了不良情绪之中，容易产生孤独感和抑郁症，缺乏积极进取的精神。总而言之，坏情绪会让一个人变得郁郁寡欢，因此，我们需要寻找能让自己放松的方式。在电视剧《北京人在纽约》里，面临破产的威胁、失败的阴影来袭的时候，王起明一边开车一边高唱“太阳最红”，获得了心灵上的暂时放松；在日本，每年都要举办一次呐喊比赛，那些情绪不满者向远处的大山大叫，以发泄心中的怒气。或许，对于每一个人而言，各自都有着不同的发泄方式，但是，我们最终的目的都是赶走郁积在心中的坏情绪。

里根是一个性格温和的人，但是，有时候他也会发脾气。当他生气的时候，他会把铅笔或眼镜扔在地上，然后很快就能恢复情绪。有一次，里根对随从人员说："你看，我在很久以前就学会了这样一个秘诀：当你生气时，如果控制不住自己，不得不扔掉一些东西来出气，那么就要注意把它扔在你的面前，一定不要扔得太远了，这样捡起来就会省力很多。捡起了东西，心情自然也就放松了。"

其实，在很多时候，所谓的放松方式就是发泄心中的烦恼，无压力地宣泄不满情绪，将心胸放开，这样就会减少一些不必要的烦恼，而且能够避免让这样的不良情绪感染到其他人。有一位商人在谈到自己放松的方式时说："当我自知怒气快来的时候，连忙不动声色地想办法离开，跑到自己的健身房。如果我的拳师在那里，我就跟他对打；如果拳师不在，我就猛力地锤击皮囊，直到发泄自己满腔怒火，整个人轻松下来为止。"愤怒是由于心理上失去了平衡，或者是自己的要求和欲望没能得到满足。因此，我们可以转移心境，寻找一种放松的方式，这样，怒火自然就被浇灭了。

《吕氏春秋》中记载了这样一个故事：

齐文王患了忧虑病，没能找到正确的治疗方式，时间长了，病情越来越严重，甚至到了卧床不起的地步。这时，大臣建议请名医来诊断病情，于是，齐国派人到宋国去请来名医文挚给齐王医治。文挚查看了齐王的病情后，认为必须采取一定的方式来赶走病人心中的闷气，但是，他担心这样会触动齐王而惹来杀身之祸。对此，齐国太子向文挚保证，无论如何都会确保医生的安全。于是，文挚与他约好了看病的时间。然而，文挚却连续三次失约，齐王虽在病床上，却对此十分恼怒。

后来，文挚终于应约而来，但是，他不拖鞋就上床，践踩齐王的衣服问病，气得齐王不搭理他。这时，文挚用粗话刺激齐王，齐王终于按捺不住，翻起身来就大骂，没想到，齐王的病竟因此好了。

所谓“怒动其身形、冲破忧伤烦闷的不良情绪”，有人在愤怒时暴跳如雷，面红耳赤，实际上，这就是一种能量发泄。人们常说：“言为心声，言一出，心便安。”积极的能量发泄有唱歌、怒吼等方式，这也不失为一种放松的方式。另外，哭泣也是一种行之有效的方式。据调查，85%的女性和73%的男人在哭过之后心情就会好受一些。威廉·菲烈博士说：“哭可以将情绪上的压力减轻40%，哭是健康的行为，值得鼓励。”

培根说：“无论你怎样表示愤怒，都不要做出任何无法挽回的事来。”美国前总统林肯如果在外面和别人生气了，回到家里就会写一封痛骂对方的信。当家人第二天要为他寄出那封信的时候，林肯会极力阻止：“写信时，我已经出了气，何必把它寄出去惹事生非！”坏情绪就像夏天的暴风雨一下，需要我们适当发泄，这样才能净化周围的空气，缓解心中的紧张情绪。坏情绪，只会让我们变得越来越抑郁，想要自己获得全身心的轻松，我们必须寻找一些放松的方式，驱赶心中的坏情绪，将自己解脱出来。

1.将心中的烦闷写出来

将心中的烦闷写出来，这也是一种自我放松的方式。在一般情况下，写诗、写日记都能够有效地发泄郁积在心中的闷气，使情绪恢复到平静。而且，从心理学上说，适当发泄长期以来积压的闷气，可以减轻或消除心理疲劳，比起将坏情绪郁积在心中，将怒气发泄出来会更好，这样可以使我们变得轻松愉快。

2.合理宣泄不良情绪

如何面对心中的种种不良情绪？当然是合理地宣泄，放松自己。一位年轻女孩来到心理咨询中心，说道：“两个月前我被公司解聘了，心里很恼火，不愿意见人，整天就待在家里，憋得心慌，内心也变得更加痛苦，有什么办法能够摆脱这样的处境呢？”心理医生这样建议：“你这样是不行的，时间长了就会变得郁郁寡欢，寻找一种让自己放松的方式吧。”于

是，女孩就采取了一种她认为有效的方式，果真让自己的情绪变好了。

坏情绪要及时缓解

坏情绪积压在心中久了，就像蓄势待发的岩浆，从里到外，都是滚烫的，很容易伤害到他人。在生活中，若不及时消除心中的坏情绪，将会对自己或他人造成巨大的伤害，尤其是对某个人形成的情绪。或许，我们常常看不惯某个人的习惯，或讨厌某个人的说话以及行为方式，而且，出于颜面或自尊没有办法向对方说明，但是，我们不能制止心中那股“坏情绪”不断滋长，直至最终崩溃。事实上，每个人都欢迎不同的意见，相比较而言，人们更不喜欢不声不响就生自己气的人。所以，当你对某个人产生“情绪”时，不要放在心里，试着用委婉的方式表达出来，化“坏情绪”于无形，反而能更好地解决问题。

去年，王先生举家搬到了繁华的深圳市区，原以为以后的日子会越过越好，但是，没想到由于孩子的教育问题时常与老婆发生矛盾，两人关系日益恶化。王先生性格比较内向，不善言辞，每次吵架都说不过能说会道的老婆，因此，每次吵架之后，他就一个人到卫生间生闷气。

那天，王先生在家里等着儿子回家，等了很久还是不见回来，生气的王先生开始不由自主地埋怨老婆：“天这么晚了，孩子还没回家，都是你惯出来的。”老婆当仁不让，两人又吵了起来，不一会儿，从网吧回到家的儿子看见爸妈正吵得不可开交，索性躲进屋里去玩电脑。吵了半天，两人都疲倦了，老婆不再搭理王先生，进了卧室躺在床上睡觉，王先生的气还没有消，他把自己关进厕所里闷头抽烟。他一边抽烟，一边思索，越想越生气，心中的怒气像快要喷出的岩浆，阻拦不住。

过了几个小时，王先生突然从厕所里出来，气愤地大吼：“这日子

没法过了，还不如一把火烧了干净。”说完，王先生就摔门而去，过了好一阵子，他回来了，手中提着沉甸甸的汽油，吓得老婆孩子夺门而逃。这时，家中已经是浓烟滚滚，王先生站在屋门口放声痛哭起来。

王先生对老婆有相当深的“坏情绪”，但是，他并没有委婉地表达出自己的意见，反而是短兵相接，导致两人的矛盾越来越严重，直至最后点燃了自己心中长久以来的“坏情绪”，原子弹终于爆发了，却留下了悲惨的结局。其实，对他人生闷气非但不能解决问题，反而会招致更严重的后果，特别是对于夫妻来说，更是如此。夫妻如果有什么矛盾，可以敞开心胸，吐露自己的真实想法，如果对方有某些行为让自己生气，我们也可以委婉地向对方表明，这样一来，矛盾弱化了，心中的坏情绪自然也就消释了。

老伯的老伴前不久去世了，他常常一个人闷闷地坐在那里，眉头紧蹙着，似乎总是在生气。如果有人跟他打招呼，他也回一个微笑，接着，老伯就会打开话匣子，开始说起自己的儿子、女儿、媳妇的种种不是。那些抱怨的话是别人不能接口的，只能静静地听，大家都感觉到，这是一个多么难相处的老人家啊！

有一次，老伯正在进行冗长的抱怨，旁人问道：“你有没有跟儿女讲过你的这些不满呢？”老伯愣了一下，大声说道：“这还要跟他们讲吗？他们是做子女的，自己当然要知道父母的不满啊！只有那些不孝顺的，才需要我讲。”旁人呆住了，老伯接着说，“他们要是没顺我的意思，我就不跟他们讲话，叫我爸爸，我也不搭理，这样一来，他们就会怕我，就不会不孝顺我。”说着，老伯似乎露出来一丝微笑：“现在，我已经三天都不理他们了，媳妇叫我，比平常时更多遍了。”

这的确是一个喜欢生“闷气”的老伯，在他那固执而又蛮横的逻辑里，似乎总是自己在跟自己生气。老伯一旦没有赢得预期的对待，就学会用自己的情绪去勒索他人，事实上，这是一种极为不恰当的做法，生闷气

只会把自己推向孤立无援的境地。如果这位老伯能够委婉地说出自己的情绪和想法，对儿子、媳妇与女儿表达出关心，那么，一家人是可以和睦而温馨地相处的。

试着放下自己对他人的“情绪”，如果自己心中真的有什么想法，那就委婉地告诉对方，将自己的情绪如实地告知对方，这样对方才清楚地知道你到底为什么而生气。而且，这样既可以解决与他人之间的问题，还可以溶解心中的闷气，化坏情绪于无形，使自己的情绪回归于平静。

1.不要生闷气

传统的中国人似乎更倾向于生闷气，他们更容易被消极情绪所影响，但其实愤怒的情绪就像洪水一样，堵不如疏。心中有了闷气，我们就要想办法疏通，学会自我调节，寻找到合适的渠道，适当地表达自己的真实感受。否则，只生闷气会影响彼此之间的感情。

2.不要让小脾气积累为坏情绪

有时候，两个人之间生气，刚开始时可能大多是不满情绪或愤怒的“小气”，但是，由于郁积在心中的矛盾一直没能得到解决，相互之间的关系越来越恶劣，结果使矛盾更加严重，“小气”逐渐滋长为“大气”，甚至引发一系列悲剧。

第4章

扫去挫折的“败气”：为自己打开成功的天窗

生活中，人们常常为一些不必要的事情而生气，即使遭遇到了不可避免的挫折，内心的怒火也比失望的情绪更大。有这样一句名言：“请享受无法回避的痛苦，比别人更早更勤奋地努力，如此才能尝到成功的滋味。”面对挫折与失败，心中或许有气，但是，生气又如何呢？即使生气了，成功也不会降临，不妨扫去挫折的“败气”，为自己打开成功的天窗。

失败不要气恼，用心吸取经验

有一个悲观主义哲学家说：“我们在出生时之所以哇哇大哭，是因为我们预知生命必然是充满痛苦的，至于迎接新生命到来的成人之所以满心欢喜，是因为又多了一个人来分担他们的苦难。”事实上，人生旅途中的苦与乐，都是自己内心的感受，一切都是靠自己来体验的，诸如挫折、失败。或许我们在遭遇时会感到痛苦，甚至生气，埋怨上天的不公平，但正因为有了挫折与失败，我们才有可能变得更加坚强、勇敢。面对失败，有的人会想：为什么别人能够如此轻易获得成功，而自己却总是失败呢？上天对自己太不公平了！可是，你想过没有，生气本身只是一种情绪表现，它无法为你挽救成功，同时，它有可能成为你成功之路上的绊脚石，因为生气的情绪会影响一个人的思考能力。所以，即使失败了也不要生气，不妨开心地接受它，并吸取其中的经验，这样我们才有可能赢得成功。

罗斯福在参选总统之前被诊断出患了“腿部麻痹症”，医生对他说：“你可能会丧失行走的能力。”听了医生的宣判，罗斯福没有生气，反而微笑着说：“我还要走路，而且我要走进白宫。”对于一个真正的强者来说，人生的一点小挫折、小失败并不算什么，罗斯福最终走进了白宫，成为美国最伟大的总统之一。有的人在遭遇不幸或失败的时候，瘫坐在地上捶胸顿足，似乎在向上天发泄心中的怒气，可是，这样生气又有什么用呢？不幸还是不幸，失败还是失败，那些既成的事实一点都没有改变。如

果我们想要改变失败造成的现状，那唯一同时也是最有效的办法就是接受失败，从这次失败中吸取教训，为再次成功作准备，否则，我们有可能永远被定义为“失败者”。

在大山里，有一个悲惨的男孩，在他10岁时母亲就因病去世了，父亲是一个长途汽车司机，长年累月不在家，没有办法照顾男孩。于是，自从母亲去世后，小男孩就学会了自己洗衣、做饭，照顾自己。然而，上天似乎并没有过多地眷顾他，在男孩17岁的时候，父亲在工作中因车祸丧生，在这个世界上，男孩没有什么亲人了，也没有人能够依靠了。

可是，对于男孩来说，人生的噩梦还没有结束。男孩走出了失去父亲的悲伤，外出打工，开始独立养活自己。不料，在一次工程事故中，男孩失去了自己的左腿。惨遭人生的挫折，男孩并不抱怨，也不生气，反而养成了坚强的性格。面对生活随之而来的不便，男孩学会了使用拐杖，有时候不小心摔倒了，他也从来不愿请求别人的帮忙，同时，他还从事着一份简单的工作。

几年过去了，男孩用自己所有的积蓄开了一个养殖场，但老天似乎真的存心与他过不去，一场突如其来的大火，将男孩最后的希望都夺走了。终于，男孩忍无可忍，气愤地来到了神殿前，生气地责问上帝：“你为什么对我这样不公平？”听到了男孩的责骂，上帝一脸平静地问：“哪里不公平呢？”男孩将自己人生的不幸，一五一十地说给上帝听，听了男孩的遭遇后，上帝说道：“原来是这样，你的确很悲惨，失败太多，但是，你干嘛要活下去呢？”男孩觉得上帝在嘲笑自己，他气得浑身颤抖：“我不会死的，我经历了这么多不幸，已经没有什么能让我害怕，总有一天，我会凭借着自己的力量，创造出属于自己的幸福。”上帝笑了，温和地对男孩说：“有一个人比你幸运得多，一路顺风顺水，可是，他遭遇了一次失败，失去了所有的财富。不同的是，失败后他就绝望地选择了自杀，而你却坚强地活了下来。”

人生的不幸历练着男孩坚强的性格，生活的失败铸就着男孩积极乐观的个性。遭遇事业的失败后，男孩忍不住了，责问上帝为什么对自己这样不公平，这样的行为，我们似乎在大多数失败者身上都能看到，每每遇到人生不如意的时候，他们总是质问："老天，为什么我总是不幸的，为什么对我这样不公平？"但在上帝的启发下，男孩明白了。即使自己失去了所有，他也没有退缩，或许真的就如他自己所说的那样，总有一天，他会凭借着自己的力量，创造出属于自己的幸福。

小时候，妈妈总是这样说："你能做到，玫琳凯，你一定能做到。"对于每一位年轻人来说，应该懂得"你不可能每件事都能成功"。慢慢长大后，在失败的时候，母亲总是鼓励玫琳凯展望未来："你绝不可能每一次都是最棒的，接受失败，学会如何从失败中吸取教训，这样你才能继续前进。"面对失败，不要生气，玫琳凯女士不仅将这句话作为自己的座右铭，而且将这句话作为公司的理念来激励更多的女性。玫琳凯坦言，自己想创建公司是在遇到了一些挫折之后才真正开始的。

玫琳凯说："我建立公司时的设想是想让所有女性都能够获得她们所期望的成功，这扇门为那些愿意付出并有勇气实现梦想的女性带来了无限的机会。"然而，在创业之初，她就经历了失败，玫琳凯用5000美元建立了"美梦公司"，自己包装产品，贴标签，在标签上写着："玫琳凯化妆品"。但是，就在公司开张一个月的时候，丈夫因心脏病发作不幸去世，同时，律师警告她，经营化妆品公司的失败率极高，然而，玫琳凯仍决定再试一次。一路走来，她也走了不少弯路，但是，玫琳凯从来不灰心、不泄气。

有一句很受玫琳凯推崇的话是："失败一次，就向成功靠近一步。"那些成功者绝不会害怕人生所面临的失败，从来不畏惧尝试再次成功。玫琳凯经常对公司员工说："如果比较一下我们的双膝，你们会看到我膝上的伤疤比在场的任何一个人都要多，这是因为我一生中有过无数次摔倒再

站起的经历。”其实，人们只要把人生的每一次失败都当作是尝试，不去抱怨上天的不公平，不去责怪家人和朋友，试着接受每一次失败，并从中吸取教训，就能在成功的路上走得更远。

想成大事，先锻炼自己的忍耐力

有人曾说：“挫折就像是一块石头，对于弱者来说，它是一块绊脚石，让你却步不前；对于强者来说，它是一块垫脚石，让你看得更远。”一个人如果经不起挫折，受不了历练，就只会沉浸在挫折带来的痛苦中，心中除了怨气还是怨气，永远没有希望，也没有前进的方向。其实，挫折对于我们来说，并不完全是一件坏事，我们在经受挫折的过程中，锻炼了受挫忍耐力，而我们从挫折中所吸取的教训将成为我们迈向成功的垫脚石。许多人在面对挫折的时候，总表现得怨愤难平，似乎自己的遭遇是不公平的，他们习惯于抱怨他人，抱怨上天，可是，他们从来不思考自己能去做点什么。一个想成大事的人，首先应该锻炼自己的受挫忍耐力，而不是被“败气”所吞噬。

哲人说：“挫折造就生活。”凡是能够成大事者，他们都必须经得起挫折的历练，经得起失败的打击，因为成功需要风雨的洗礼。一个有追求、有抱负的人，他总是视挫折为动力，甚至将挫折化为成功的一块跳板，他从来不去抱怨那些挫折，也从来不会去埋怨别人。因为他明白，挫折是人生的一门必修课，自己能否顺利毕业，实则源于内心强劲的忍耐力。挫折并不是不可战胜的，它有一定的必然性，所以，即使我们遭遇了挫折，也没有必要怨天尤人，抱怨只会无限扩大挫折的破坏性。面对挫折，我们所需要做的就是不要畏惧，直面挫折，将任何的“怨气”“败气”都吞到肚子里，将生活中的每一次挫折都看作是上天考验我们的一

次机会，只要心中怀着必胜的信念，我们就一定能战争挫折，最终赢得成功。

有一天，一头驴遭遇了生命中的“大挫折”，它不小心掉进了一口枯井里。虽然，一直陪伴在它身边的主人很想救出它，但是，那位农夫绞尽脑汁，想尽了办法，几个小时过去了，那头驴还在枯井里痛苦地哀嚎着，此时它心中的绝望大于愤怒，自己难道就要葬身于此吗?

最后，农夫决定放弃，心想，反正这头驴年纪也大了，不值得大费周章去把它救出来，但是，无论如何，要将这口枯井填起来，以免其他动物掉进去。于是，农夫请来了左邻右舍，请大家一起帮忙将枯井填满，同时，也好免去驴的痛苦。农夫和邻居们手拿铲子，开始将泥土铲进枯井中。

那头驴很快了解到自己的处境，眼里满是怨恨，此时心中愤怒大于绝望：主人怎么可以这样对我？最后，它忍不住流下眼泪，并不断在枯井里发出痛苦的嘶叫声，似乎在向上天诉说自己悲惨的命运。但是，出乎意料的是，没过多久，这头驴就安静了下来，它不再生气，也不再悲伤。

那位农夫好奇地探头往井底一看，出现在他眼前的景象令他大吃一惊：当铲进枯井里的泥土落在驴身上的时候，它将泥土抖落在一旁，然后站到铲进的泥土堆上面。那头驴将大家铲进倒在身上的泥土全部抖落在井底，然后再站上去，很快，那头驴便出现在人们的眼前，大家都惊讶地捂住自己的嘴巴。

爱默生说：“困难，是动摇者和懦夫掉队回头的便桥，但也是勇敢者前进的踏脚石。”当困难与挫折来临时，事实已经无法改变，这时候，最重要的就是以积极冷静的心态去面对。刚开始，那头驴又是愤怒，又是绝望，而且，不断在枯井里发出痛苦的嘶叫声，但是，事实改变了吗？自己的处境依然没有改变，似乎变得更糟，眼看就快要被埋掉了。在极度绝望之下，它反而安静了下来。当情绪平复下来之后，它竟然发现了一个解

决困境的最好办法，踏着那些将要淹没自己的泥土，一点一点升起来，最后，它终于站在了井口处。如果这时候它能回想自己之前的表现，肯定也会觉得：挫折并不算什么。有多少挫折，就有多大的忍耐力，最后，我们定会收获更多的丰硕果实。

一位少年自认为看破了红尘，放下了一切，历经了千辛万苦找到了隐藏在深山里的寺院，他要求见方丈想出家，他认为自己只有在这里才能真正地洗去城市的繁华与浮躁。方丈仔细打量着少年，问道：“做和尚要独守孤灯，终身不娶，你能做到吗？”少年坚定地回答：“能。”方丈又问：“做和尚要每日三餐粗茶淡饭，粗衣薄褂夏热冬寒，你能忍受得了吗？”少年回答说：“能。”方丈又问：“做和尚要无欲无求、无怨无恨，不问恩情，不记仇恨，无论任何时候都要心如明镜不染尘埃，你能做到吗？”少年斩钉截铁地说：“能。”然后，方丈问了一些关于佛法的东西，少年都能作出很好的回答。但是，最后，方丈拒绝了少年出家的请求，而是把少年送下了山。临走时，方丈留下了这样一句话：“未曾拿起莫谈放下，当你真正拿起时，你再回来告诉我，你还能不能放得下。”

真正的放下一切，应该是“无欲无求、无怨无恨，不问恩情，不记仇恨，无论任何时候都要心如明镜不染尘埃”，而这一切需要强大的受挫忍耐能力。没有真正地经历过挫折，自然就没有足够的忍耐挫折力，挫折一降临，少年便冲动地想要逃避整个现实世界，想来在他心中还是有怨气的，同时，还有一种“败气”，所以，他的请求遭到了方丈的拒绝。只有真正经历了挫折的人，他们才能放眼望世界，因为他们有足够强大的受挫忍耐力。

调整情绪，“偃旗息鼓”还是“迎头赶上”

挫折与失败，能够锻炼我们强劲的受挫忍耐力，但是，这样似乎还不足以战胜挫折。战胜挫折既需要智慧，更需要平静的心态，要学会调整自己的情绪，尽量让自己保持平静，再决定如何去面对挫折。当然，面对挫折，我们有两个必然的选择，即“偃旗息鼓”或“迎头赶上”。有的人在遭遇挫折与困难的时候，冷静地分析其弊端，如果继续前进，有可能会遭到更大的失利，因此，他们决定“偃旗息鼓”，等自己修葺片刻，再整军待发；有的人则不然，他们认为，迎难而上才是战胜困难的不二选择，所以，他们会毫不犹豫地向前行，最后赢得成功。其实，任何一种选择都需要根据事实情况而定，无论是“偃旗息鼓”还是“迎头赶上”，都是一种谋略，都能帮助我们战胜挫折，赢得人生。而谋略的关键在于我们要有平和的情绪，只有经过充分冷静的思考，才有可能作出正确的选择。所以，即使不幸遭遇了逆境或挫折，也不要被一种负面情绪所困扰，要学会调整自己的情绪，以一种平和的心态来决定是“偃旗息鼓”还是“迎头赶上”。

威廉、约克和李维相约去美国旧金山淘金，当他们达到目的地以后，却发现现实远没有想象中美好。在当地，比金子更多的是淘金者。面对这样的情况，三人都感到很失望，不知道该怎么办。

威廉满腹失望，但是，他不甘心，既然来到了旧金山，说什么还是去寻找金子才是正确选择，于是，他决定还是去淘金，几年过去了，他依然过着劳苦而贫困的生活。约克对淘金已经没有太大兴趣了，他暂时打消了自己淘金的念头，想在当地另谋生路，后来，他发现了废弃在沙土中的银，便开始了自己冶银的事业，几年过去了，他成为了当地的富翁。李维与约克一样，他觉得，虽然淘金有可能成功，但是，面对着比金子还多的淘金者，他预感到做一个淘金的工人似乎并不是冷静的选择。等到平静下

来之后，李维想到了自己的手艺，他决定卖耐磨的帆布裤，并加以改造，创造了牛仔裤，后来，李维创立了世界名牌Levie’s。

“偃旗息鼓”让约克和李维都获得了成功，只有威廉坚持不切实际的想法，最后只能成为一事无成的人。当我们在战胜逆境的过程中，最需要的是保持平和的情绪，冷静地思考什么样的选择才是正确的。当然，在成功的路上，有时候需要我们坚持到底，但若遇到了挫折与困难，懂得改变、懂得“偃旗息鼓”也同样重要，千万不能固执己见，否则，只会让你离成功的目标越来越远。不过，在人生逆境中，我们也需要足够的耐性，学会平复自己的情绪，“迎头赶上”，我们依然可以获得成功，最重要的是保持积极乐观的情绪。

1832年，亚伯拉罕·林肯失业了，这令他感到十分难过，他下定决心要成为政治家，去当一名州议员。但是，糟糕的是，他在竞选中失败了，在短短的一年里，林肯遭受了两次打击，这对他而言无疑是痛苦的，他的心中还有了一些无法排解的怨气。接着，林肯开始自己创业，当即开办了一家企业，可是还不到一年，这家企业倒闭了，林肯感觉到，老天似乎总是与自己作对，这是考验还是宿命呢？林肯不知道，但是，在之后的时间里，他即使心中有怨，还是到处奔波，偿还债务。不久之后，林肯又一次参加竞选州议员，这次他成功了，在内心深处有了一线希望，他认为自己的生活有了转机，心想：“可能我就可以成功了。”

然而，人生的逆境好像永远没有结束的那一天。1835年，亚伯拉罕·林肯与漂亮的未婚妻订婚了，离结婚的日子还差几个月的时候，未婚妻却不幸去世，林肯心力交瘁，几个月卧床不起，没过多久，他就患上了精神衰弱症，对任何事情都失去了信心，一种负面情绪萦绕在他心中。1838年，林肯觉得自己身体好了些，他决定竞选州议会议长，但是，在这次竞选中他又失败了。不过，那份再接再厉的精神一直鼓舞着林肯，1843年，林肯参加竞选美国国会议员，这次他所面临的依旧是失败。但是，林

肯一直没有放弃，心中的怨气在一点点消减，他并没有说："要是失败会怎样"，而是怀着一种平常心来对待，他想：如果自己不在意失败，那么，事情或许将有好的转机。

1846年，林肯参加竞选国会议员，这次他终于当选了，但两年任期过去，林肯面临着又一次落选。1854年，他竞选参议员，但失败了。两年之后他竞选美国副总统提名，却被对手打败。两年之后他再一次参加竞选，但还是失败了。无数次的失败，让林肯练就了平和的情绪，无论面对成功或失败，他的心都变得十分坦然。或许，正是那份平和的情绪，铸就了他最终的成功，1860年，亚伯拉罕·林肯当选为美国总统。

孟子说："天将降大任于斯人也，必先苦其心志，劳其筋骨，饿其体肤，空乏其身，行拂乱其所为，所以动心忍性，曾益其所不能。"面对每一次失败，林肯都以平和的心态面对，而且，敢于迎头赶上，在这一过程中，似乎命运也在跟他暗暗较劲，然而，林肯最终驾驭了自己的命运。翻开历史，我们不难发现，林肯的一生就是挫折的一生，似乎失败总是在伴随着他，但是，我们也从他身上发现，只要善于调整自己的情绪，凡事平静面对，鼓起勇气，一次次尝试，总有一天，我们会获得成功。

别伤了"元气"，低调才能更好地"休养生息"

俗话说："高处不胜寒。"对于许多人来说，似乎在低处才能更好地"休养生息"。在生活中，有的人见不得自己吃亏，只要受到不公平的待遇，内心的怨气就一阵一阵往上冲，非与别人争个你死我活，或许贪图一时口头之快，发泄内心的愤怒情绪。从某种意义上说，你似乎是站立在高处，但是，实际上已经失去了"休养生息"的机会。而且，生气只会伤了自己的"元气"，影响我们的正常状态，有可能在这一个方面的疏忽，使

我们错失成功的机会。在民间流传着这样一句话：“好汉不吃眼前亏。”虽然，在很多时候，好汉是需要骨气的，应该站立在高处，但是，在现实生活中，一旦遇到了人生的低谷，遭遇残酷的现实，即使心中立志如何高远，如果连最基本的生活保障都成问题，又怎么往高处走呢？生活需要忍耐，这并不是对命运的屈服，而是对成功的一种铺垫和积累。当我们处于人生最低谷的时候，不要灰心，不要抱怨，就把它当作是“休养生息”吧，保存自己的实力，蓄积待发。

智者懂得这样一个道理：在人生的得意之时，欣赏高处的风景；在失意之时，在低处休养生息。有时候，我们要学会弯腰，舍得吃眼前亏，不要为了争执而伤了自己的元气，即使内心有许多无奈，也不要抱怨，你在低处时，其实也降低了自己的“门槛”。凡事以平静心态面对，当你认为自己吃亏的时候，说不定这却是一桩一本万利的生意呢！不争执、不抱怨，从表面上看是好像是一种损失，但从长远来看，则是一种智慧。当所有人都在向往“高处”的时候，你选择了休养生息，不仅为自己树立了良好的形象，还会让他人对你产生莫大的好感。

2005年胡润百万富豪榜中，严介和以125亿元的资产位列中国大陆大富豪第二。即便是他今天如此地成功，在他发迹之前，他也曾处于人生的最低谷。

1992年，严介和租赁了一家濒临破产的建筑公司。当时，公司接到的第一个任务，居然是一个被承包商转包五次的建筑工程。严介和对那个业务进行了预测，当即傻眼了，如果自己接下了这个工程，至少得亏损五万元，这完全是一个没人敢接的工程，所以才落入自己的手中。是接还是不接呢？他陷入了沉思。现在自己一点名气都没有，若是与对方理论，不仅丢了业务，而且，自己很难获得成功。更何况自己没有后台，也没有任何关系，而建筑业又是一个有着错综复杂关系的圈子，不如将这笔业务做好，保存自己的实力，算是恢复“元气”吧。

于是，再三思量后，严介和决定接下这个业务，即使亏损也无所谓。当工程完成之后，验收部门不相信这样的亏本工程会有好的质量。但检测结果令人瞠目结舌，所有指标个个皆优。同行表示不理解：“你怎么做亏损生意呢？”他却笑着说：“我这算是在‘休养生息’阶段吧。”虽然，最后他亏损了8万元，但良好的质量为他赢来了一笔又一笔的业务，后来，他成功了。

印度的孟买学院是世界上最著名的佛学院之一，这个学院历史悠久，有着辉煌的建筑，更关键的是，这里培养出了许多著名的学者。据说，在孟买学院有一个细节是别的佛学院所没有的，那就是在大门的一侧又开了一个仅有一点五米高、四十公分宽的大门，所有的人都能轻易地进入，只要能保持稍低的姿态。一些初到学院的人感到十分不解，不过，后来他们都承认正是这个小小的细节让自己受益无穷。人生的旅途中，有高峰，也有低谷，所有的人都想站立在高峰欣赏风景，但是，若没有低谷，我们如何能够休养生息，保持实力呢？如果你觉得现在的生活处境很糟糕，总是受人排挤，不要感到生气，不要怨天尤人，学会忍气吞声，把这一切权当作是休养生息吧！

阿伟大学毕业后，为了锻炼自己的能力、积累社会经验，他选择了业务方面的工作。在公司，他所担任的职位是协助新来的业务经理开展工作。那个业务经理刚来不久，脾气却很大，而且，据阿伟观察，他的业务能力似乎很差，几乎都是依靠下面的业务员拿业绩。另外，业务经理心胸狭隘，一点也不尊重人，总是带着命令的口吻与下属讲话。有时候，阿伟在工作中不小心出了错，经理也不会顾及他的颜面，当众把他训斥一顿。

面对这样的经理，阿伟心里也很窝火。但是，他并没有发作，而是把怨气吞下去，始终陪着笑脸，因为他心里很清楚，摆在他面前的只有两个选择，要么和他大吵一架，然后走人；要么就是忍辱负重，休养生息，等待时机。聪明的他选择了后者。半年以后，公司高层发现了业务经理的问

题，通过调查，认为他不适合做业务经理，就找了个理由把他辞退了。而阿伟，因为一直表现不错，被公司任命为业务经理，这下子，阿伟如鱼得水，很快把业务开展了起来，为公司创造了很大的经济效益，也赢得了公司上上下下的尊重。过了几年，阿伟被提拔为主管业务的副总经理，过上了有房有车的生活。每当谈起这一切的时候，小王就不无感慨地说：“我能有今天，就是因为我当初懂得在低处休养生息，而没有意气用事啊！”

在生活中，我们难免会遇到一些坎坷与挫折，遇到一些不尽如人意的事情，在这个时候，千万不要任由心中的怨气乱窜，或者意气用事，而要以一种忍耐的姿态来面对，平复激愤的情绪，以一份从容的心态去面对眼前的境遇，这才是一种审时度势、大智若愚的胸怀。处于最低谷时，不要灰心丧气，只要你没有丧失志向，就一定有东山再起的机会。

面对困难不气恼，冷静方能转败为胜

智者说：“在成功的路上，最大的敌人其实并不是缺少机会，或是资历浅薄，而是缺乏对自己情绪的控制。”弱者任思绪控制行为，强者让行为控制思绪。在困难面前，许多人容易心浮气躁，当多次挑战都无法战胜困难时，他们就会变得气急败坏，在他们心灵深处，有一种力量使他们感到茫然不安，让他们无法冷静地去思考，这种力量就是愤怒、生气。生气不仅是成功最大的阻碍，而且是各种心理疾病的根源，并在不断地影响着我们的日常生活和工作。一个人在愤怒的那一瞬间，智商是零，过一阵子才会恢复正常，而这将对我们的正常思维造成恶劣的影响，因为，没有办法冷静下来，就没有办法思考出解决问题的有效方法。在任何时候，一个人都需要冷静，尤其是在困难面前，因为，冷静使人清醒，它能够让人有条不紊、沉着地应对所发生的一切。所以，面对困难时，不要气急败坏，

因为只有冷静才能让我们转败为胜。

有一天，陆军部长斯坦顿来到林肯办公室，气呼呼地对林肯说：“一位少将用侮辱的话指责你偏袒一些人。”林肯笑着建议：“你可以写一封内容尖刻的信回敬那个家伙，狠狠地骂他一顿。”斯坦顿立即写了一封措辞强烈的信，然后交给总统看，林肯高声叫好：“对了，对了，要的就是这个，好好训他一顿，写得真是绝了，斯坦顿。”

当斯坦顿把信叠好装进信封的时候，林肯却叫住他，问道：“你干什么？”斯坦顿有点摸不着头脑了，说道：“寄出去呀。”林肯大声说：“不要胡闹，这封信不能发，快把它扔到炉子里去，凡是生气时写的信，我都是这么处理的。这封信写得很好，写的时候你已经解了气了，现在已经冷静下来了吧！那么就请你把它烧掉，再写第二封信吧！”

有人说：“一个能控制住不良情绪的人，比一个能拿下一座城池的人还要强大。”情绪不仅是心灵健康的庇护神，通常也是我们决胜的关键，越是在关键时刻，我们越需要保持冷静，以最平和的情绪来面对一切。面对强劲的对手，有时候，我们采用何种手段并不重要，至关重要的是控制好自己的情绪，保持冷静。一个人，若是能够控制好情绪，保持冷静，就可以化阻力为助力，化险为夷；相反，若是不能掌控好情绪，容易被激怒，就有可能陷入危险的境地。

有一个小男孩，他在10岁时遭遇了一次车祸，并在这次车祸中失去了自己的左臂。这巨大的不幸让男孩几乎连生活自理都成了问题，但是，他有一个小小的心愿，那就是学习柔道。几经辗转，男孩有幸拜在了一位日本柔道大师的门下，开始学习柔道，他格外珍惜这个学习的机会，每天勤学苦练。可是，令男孩感到不解的是，自己学了三个月了，师父却只教了一招。有一天，男孩终于忍不住问大师：“我是否应该再学学其他招数？”大师却摇摇头回答：“不错，你只学会了一招，但是，你只需要学会这一招就足够了。”

几个月后，师父带着小男孩去参加比赛，比赛开始之前，师父只是嘱咐：“冷静，一定要冷静！”就连小男孩自己都没有想到，只凭着那仅有的一个招数，他居然轻松地进入了决赛。最后一场决赛开始了，对手比小男孩高大、强壮，似乎比自己更有经验，一看这架势，小男孩就心虚了。比赛一开始，小男孩就有点招架不住，这时，师父那句话响了起来：“冷静，一定要冷静！”小男孩长长呼出一口气，慢慢等待，后来，对手逐渐放松了戒备，这时，小男孩立即使出了自己的绝招，制服了对手，赢得了冠军。

回家的路上，小男孩满腹疑虑：“师父，我怎么凭一招就能赢得冠军呢？”师父缓缓回答道：“有两个原因，第一，你基本掌握了柔道中最难的一招；第二，对付这一招唯一的办法就是抓住你的左臂，可是，你没有左臂。孩子，有的时候，人的劣势并不是什么坏事，凡事只要冷静应对，你便可以转败为胜。”

在挫折与困难面前，跌倒了，爬起来，这是一种勇气，但是，对于成功来说，勇气并不是最关键的因素，因为成功所需要的是比勇气更珍贵的那份冷静。失败了，我们所需要做的不仅仅是重新站起来，更关键是要学会梳理自己的情绪，冷静地分析、总结失败的原因，这样我们才能避免摔更大的跟头。一个人在面对困难的时候，总是心浮气躁，气急败坏，那么，这个人终会失去自我。在任何事情面前，我们都应该拥有冷静的头脑，因为只有冷静才有可能使我们转败为胜。

第5章

别让嫉妒毁了你：活出更好的自己

法国科学家拉罗会弗科曾说：“嫉妒是万恶之源，怀有嫉妒心的人不会有丝毫同情。”嫉妒是心灵的地狱，喜欢嫉妒的人总是拿别人的优点来折磨自己，有可能是嫉妒他人的年轻，有可能是嫉妒他人的长相，有可能是嫉妒他人的才学……正如一句谚语所说：“好嫉妒的人会因为邻居的身体发福而越发憔悴。”由于缺乏自信，爱嫉妒的人不希望别人比自己优越；因为自私，爱嫉妒的人总是想剥夺别人的优越。在人生的道路上，我们要善于将内心的嫉妒之气化为志气，拼搏出别样的天地。

嫉妒源于你心底的狭隘与不自信

巴尔扎克说："嫉妒潜藏在心底，如毒蛇潜伏在穴中。"嫉妒的人一定是自私的，而自私的人肯定是有着嫉妒心理的，嫉妒和自私就犹如孪生兄弟，是不可分割的。如果一个人的内心不自私，不存在狭隘的心理，那么，他是不会对他人充满嫉妒之心的。喜欢嫉妒的人从来不说一句好话，因为他狭隘的心理容不下别人的长处，他以说别人的坏话来寻求一种心理上的满足。在生活中，喜欢嫉妒的人是没有朋友的，因为他把所有比自己强的人都视为敌人，另一方面，他又瞧不起那些比自己弱的人。

古人曰："人有才能，未必损我之才能；人有声名，未必压我之声名；人有富贵，未必防我之富贵；人不胜我，固可以相安；人或胜我，并非夺我所有，操心毁誉，必得所欲而后已，于汝安乎？"嫉妒，它是毒害纯洁感情的毒药，是吞噬善良心灵的猛兽，是丑化面容的黑斑，其气来源于你心中的狭隘与不自信。其实，嫉妒更是无能的表现，因为自己不能达到对方的高度，不能获得对方的荣誉，只好用嫉妒心理来维护自己的自尊。培根曾说："在人类的一切情感中，嫉妒之情恐怕是最顽强、最持久的了。"在众多心理状态中，嫉妒是一种心理病态，基于内心的狭隘和不自信，人们很容易产生嫉妒的心理，总觉得自己处处不如别人，埋怨上天的不公平。虽然，"嫉妒之心，人皆有之"，但是，如果这种心理的疾病不及时根除，就会越来越紧地束缚我们的内心，使我们的心灵透不过

气来。

在《三国演义》里，有众人皆知的“诸葛亮三气周瑜”的故事。

赤壁之战结束后，孙刘两家均欲取荆襄之地，如此一来，才能全据长江之险，与曹操抗衡。刘备屯兵在油江口，周瑜知道刘备有夺取荆州的意思，便亲自赶赴油江与刘备谈判。谈判之前，刘备心中忧虑，孔明宽慰说：“尽着周瑜去厮杀，早晚教主公在南郡城中高坐。”后来，周瑜在攻打南郡时付出了惨重的代价，不仅吃了败仗，自己还身中毒箭，不过，周瑜还是将曹仁击败。可是，当周瑜来到南郡城下，却发现城池已经被孔明袭取，周瑜心中十分生气：“不杀诸葛村夫，怎息我心中怨气！”

周瑜一直想夺回荆州，先后与刘备谈判均无好的结果，这时，刘备夫人去世。周瑜便鼓动孙权用嫁妹之计将刘备诱往东吴而谋杀之，继而夺取荆州。没想到此计又被诸葛亮识破，将计就计让刘备与吴侯之妹成了亲。到了年终，刘备以孔明之计携夫人几经周折离开东吴，周瑜亲自带兵追赶，却被关云长、黄忠、魏延等将追得无路可走。顿时，蜀军齐声大喊：“周郎妙计安天下，陪了夫人又折兵！”这次，周瑜气得人差点昏厥过去。

过了一段时间，周瑜被任命为南郡太守，为了夺取荆州，周瑜设下了“假途灭虢”之计，名为替刘备收川，其实是为夺荆州，不想再次被孔明识破。周瑜上岸后不久，就有大路人马杀过来，言道“活捉周瑜”，周瑜气得箭疮再次迸裂，昏沉将死，临死前还长叹：“既生瑜，何生亮！”

莎士比亚说：“您要留心嫉妒啊，那是一个绿眼的妖魔！”周瑜本聪明过人，才智超群，但他心胸狭隘，对于比自己技高一筹的诸葛亮耿耿于怀，心生嫉妒，最终落得个气绝身亡，怀恨而死的下场。嫉妒是一种心理病态，宛如毒药，周瑜被嫉妒的心态所缠绕，最后无异于自饮毒酒。我们不难发现，嫉妒之源来自于两方面，一是心胸狭隘，二是对自己不够自信。试想，如果周瑜能够心胸开阔，对自己充满信心，他还会英年早

逝吗？

另外，我们可以清晰地发现，嫉妒心理是具有等级性的，也就是说，只有处于同一竞争领域的两个竞争者之间才会产生嫉妒心理和嫉妒行为。在通常情况下，人们只会嫉妒与自己处于同一竞争领域但比自己表现优越的人，而不会嫉妒与自己不在一个领域中的人。周瑜嫉妒诸葛亮，也是因为诸葛亮与他是处在同一个领域，而且，诸葛亮的能力比他强。他不会去嫉妒与自己不处于同一领域的，比如曹操、孙权。

曹丕忌曹植，终留下了把柄："煮豆燃豆萁，豆在釜中泣。本是同根生，相煎何太急。"对自己的不自信，以及内心的狭隘，常常使我们的嫉妒心理愈加严重，若不及时抽身而出，很容易被嫉妒所吞噬。古人曰："欲无后悔须律己，各有前程莫妒人。"好嫉妒的人自私而狭隘，他们往往自大，总想高人一等，容不下比自己强的人，看到周围的人超过了自己，要么就设法贬低对方，不然就陷害对方。那么，我们如何才能冲出嫉妒的黑网呢？对此，我们应该正确认识自己，看到自己的优点，尽早从病态的自尊心和自卑感中解脱出来，正视自己与他人之间存在的差距，与其嫉妒别人，不如学习对方的长处，这样，思想解脱了，心灵才会从嫉妒的黑网中解脱出来。所以，让我们学会正视自己，扬长避短，努力冲破嫉妒的黑网，重新走向豁达广阔的天地吧！

别急着嫉妒，找出自己的"失败点"

周国平在《论嫉妒》一文中这样写道："嫉妒是对别人的快乐所感觉到的一种强烈而阴郁的不快。在人类心理中，也许没有比嫉妒更奇怪的感情了。一方面，它极其普遍，几乎是人所共有的一种本能。另一方面，它又似乎极不光彩，人人都要把它当作一桩不可告人的罪行掩藏起来。结

果，它便转入潜意识之中，犹如一团暗火灼烫着嫉妒者的心，这种酷烈的折磨真可以使他发疯、犯罪乃至杀人。”这似乎道出了嫉妒心的特点，实际上，在每个人身上，或多或少都会存在一些嫉妒心理，要想避免嫉妒心理，我们应该学会正视它，只有正视自己的嫉妒心，才能挖掘出自己的“失败点”。嫉妒心理是人的一种普遍心理，每个人都会难以避免地产生嫉妒心理，但是我们可以将嫉妒心理所带来的危险系数降到最低，而在此之前我们所需要做的第一件事就是“正视自己的嫉妒心”。

嫉妒是人性的弱点之一，它是一种比较复杂的心理，包括了焦虑、恐惧、悲哀、猜疑、羞耻、怨恨、报复等不愉快的情绪。好嫉妒的人，他们不能容忍别人的快乐与优越，在嫉妒心理的刺激下，他们会用各种方式去破坏别人的快乐与幸福，有的人用会流言蜚语来恶意中伤他人，有的人打小报告来排挤对方。好嫉妒的人，他们的心理既自卑又阴暗，几乎享受不到阳光的美好，也体会不到生活的乐趣。他们嫉妒的对象可以是别人娇好的身材、美丽的容貌以及他人身上显露出来的聪明才智，另外，诸如金钱、地位、荣誉等也会成为他们嫉妒的对象。

有一个人，他十分嫉妒自己的邻居。邻居越是生活得快乐，他就越是感觉不到快乐；邻居生活得越好，他就越是痛苦。每天，他都盼望着邻居倒霉，希望邻居家着火，或者是希望邻居患上什么不治之症，或者希望雨天打雷能劈死邻居家一两个人，或者希望邻居的儿子夭折……不过，他每天看到邻居的时候，总是发现邻居活得好好的，而且面带微笑地与自己打招呼，对此，这个人的心里更加痛苦，恨不得往邻居的院子里扔一包炸药，把邻居炸死，但是，心中又害怕自己会偿命。就这样，他每天折磨自己，心中无比痛苦，身体也日渐消瘦，心中就像堵了一块大石头，吃不下，睡不着。

有一天，他决定给邻居制造点晦气，这天晚上，他在花圈店买了一个花圈，然后偷偷地给邻居家送去。当他走到邻居家门口的时候，却意外地

听到里面有人在哭，这时，邻居正好从屋里走了出来，看到他送过来一个花圈，忙说道："这么快就过来了，谢谢！谢谢！"原来，邻居的父亲刚刚过世，这人感到十分无趣，"嗯"了一声就走了出来。

由于内心的嫉妒，他将自己置于一种心灵的地狱之中，折磨自己，但是，最后他一无所得，只有内心无比的痛苦。嫉妒既害人又害己，对他人来说，嫉妒者本身的流言、恶语、陷害、造谣等，往往会给他人造成巨大的伤害；对自己来说，嫉妒伤身又伤心，嫉妒者把时间用在阻碍和憎恨别人身上，而不是潜心于自己的心灵修炼。所以，嫉妒不仅折磨嫉妒者本人，也危害那些被嫉妒的人，如果你心中常怀嫉妒之心，需要正视它，不断地反省自己，改善自己的品行。

在战国时期，秦国常常欺侮赵国。有一次，赵王派大臣蔺相如到秦国去交涉，蔺相如见了秦王，凭着自己的机智和勇敢，给赵国争得了不少面子。秦王见赵国有这样的人才，就不敢再小看赵国了；而回到赵国的蔺相如，当即被封为"上卿"。赵王如此看重蔺相如，这可气坏了赵国的大将军廉颇，心想：我为赵国拼命打仗，功劳难道不如蔺相如吗？他不过只凭了一张嘴，有什么了不起的本领，地位倒比我还高！廉颇越想越不服气，嫉妒心开始滋生，他怒气冲冲地说："我要是碰着蔺相如，要当面给他点儿难堪，看他能把我怎么样！"

廉颇的这些话传到了蔺相如耳朵里，蔺相如立即吩咐手下的人，让他们以后碰着廉颇手下的人千万要让着点儿，不要和他们争吵。廉颇手下的人，看见上卿这样让着自己的主人，更加得意忘形，见到廉颇手下的人，就嘲笑他们、蔺相如手下的人受不了这个气，跟蔺相如说："您的地位比廉将军高，他骂您，您反而躲着他、让着他，他越发不把您放在眼里啦！这么下去，我们可受不了。"蔺相如却心平气和地说："我见了秦王都不怕，难道还怕廉将军吗？要知道，秦国现在不敢来打赵国，就是因为咱们国内文官武官一条心。我们两人好比是两只老虎，两只老虎要是打起架

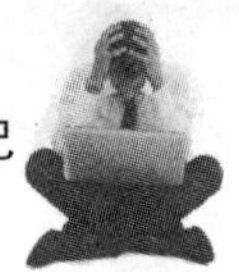

来，不免有一只要受伤，甚至死掉，这就给了秦国进攻赵国的好机会，你们想想，是国家的事要紧，还是私人的面子要紧？”

蔺相如的这番话传到了廉颇的耳朵里，廉颇惭愧极了，觉得自己的嫉妒之心真的是不应该。廉颇毅然脱掉一只袖子，露着肩膀，背了一根荆条，直奔蔺相如家，廉颇对着蔺相如跪了下来，双手捧着荆条，请蔺相如鞭打自己，蔺相如却将廉颇扶了起来。从此，两人成为了很好的朋友。

在蔺相如宽广的胸怀里，廉颇意识到自己嫉妒心的危害，正视了自己的嫉妒心，清醒地挖掘了自己的“失败点”，做出“负荆请罪”的义举，最终，将内心那邪恶的嫉妒心扼杀在摇篮之中，从而赢得了一个朋友。面对嫉妒，我们应该承认它，接受它，因为当你抵制一种情绪的时候，往往会给你带来更多的负能量；相反，如果你接受嫉妒这种情绪，并能随意地看待它，停止给它提供能量，这种情绪反而会消失。

热衷贪恋虚荣，最终只会害了自己

吕坤说：“气忌盛，新忌满，才忌露。”嫉妒是一条毒蛇，它专门啃噬人的心，我们常常会说“羡慕”，却很少提及嫉妒，似乎想以此掩藏内心的秘密。其实，嫉妒和羡慕本是同根生，在某方面别人有你所没有、能你所不能，羡慕和嫉妒就产生了。有人说，羡慕是嫉妒的华丽转身，羡慕中多了一丝向往，嫉妒中多了一丝怨恨。在日常生活中，我们常常会听到嫉妒的心声：“你看，隔壁的王先生多潇洒，楼下的阿松自己买了小车，对面的小张刚刚炫耀说又订了一套别墅，看看我们自己，还住在筒子楼里，要房没钱，要车没钱，工作也不好……”俗话说：“人比人，气死人。”虽然人与人之间的比较是一种常见的心理活动，但是，如果我们时刻用消极的心态去攀比，贪恋虚荣，不仅会在比较中迷失自己，心中也会

燃起嫉妒的熊熊大火，早晚有一天，会因嫉妒之气而把自己气死。

在生活中，人们常常为钱而奔波，没有一个人会觉得自己赚的钱多，人们内心的攀比心理、虚荣心理，逐渐将自己逼近一个无底的深渊。许多人有一份稳定的工作，拿着固定收入，却与那些做生意发财的人相比，这样一比较，除了一丝羡慕，全是嫉妒，总想着凭什么别人能赚那么多钱。此时他们就会抱怨生活，总是看这里不顺眼，看那里不顺眼，甚至，将这样一种嫉妒、怨恨的心态推己及人，给身边的人带来极大的危害性。对此，有人一语道破玄机："人活着就不能把金钱、荣誉、地位看得太重，其实，拥有10万和拥有100万的人没什么两样，都是一日三餐，无非他们吃海鲜，我们吃虾皮；他们开奥迪，我们开奥拓。前面有坐轿、骑马的，后面有推车的，我们就是那中间骑驴的，比上不足，比下有余，所以，知足常乐吧，哪来这么多嫉妒！"

在东南亚一带，流传着这样一个故事：

有一个人遇到了上帝，上帝对他说："从现在起，我可以满足你任何一个愿望，但前提是你的邻居会同时得到双份的回报。"那人高兴不已，但是，他仔细一想：如果我要得到一份田产，邻居就会得到两份田产，如果我要得到一箱金子，邻居就会得到两箱金子，更要命的是如果我得到一个绝色美女，那个看来一辈子得打光棍的家伙就会同时得到两个绝色美女了。他想来想去，不知道提出什么要求才好，他实在不甘心让邻居占了便宜。最后，他一咬牙："哎！你挖掉我一只眼睛吧！"

泰戈尔说："孤独的花儿，不要嫉妒繁密的刺儿。"如果人们在嫉妒的心理中循环，那么，生活中所有美好的东西都将变成嫉妒的陪葬品。由于狭隘、自私而产生的嫉妒是消极的，在比较心理下，嫉妒心会成为我们前进的绊脚石，使我们陷入痛苦的深渊而无法自拔。其实，人生就是一道加减法，有得必有失，幸福和快乐是不可比较的，因为它没有止境，也没有具体的标准。如果你总是纠结于比较，那么，你永远都是吃亏的那一

个，因为人们在比较时常常忽略了自己的幸福。我们应该时时提醒自己这样一个道理：比上不足，比下有余。

早上，王雯穿着新买的裙子上班，心里别提多美了，心想：这身打扮应该会把办公室那群人给比下去，不知道多少人会称赞自己有品位呢。她一边想着一边乐，忍不住对着公司大门的镜子整理头发。来到办公室，王雯还没有来得及炫耀自己的新裙子，就看到一大群女人围着李倩，大家嘴里发出阵阵赞叹声。王雯心中顿感不快，挤过去一看，原来，李倩今天也穿了新裙子，而且，无论是款式还是质量，都在自己所穿的裙子之上。王雯看了一眼，满脸不屑，气冲冲地走了，身后传来同事的议论："她总是这副样子，爱比较，比了又生气，真是搞不懂这个人……""可不是嘛，要我说啊，就是嫉妒心在作怪，每次都这样子，都已经习惯了。"

听了同事的议论声，王雯的怒火腾地上升了，她回过头，大声责问道："你们说谁呢？"同事纷纷走开了，只留下脸红脖子粗的王雯。生气的王雯进了卫生间，对着镜子重新审视自己的裙子，越看越生气，一气之下，王雯拉着裙子的下摆猛地一扯，本来只是发泄心中的怨恨，没想到，新买的裙子居然被扯出了一条长长的口子。看着镜子中的自己，王雯气得哭了起来。

对于一些私心较重、心理欲望较高的人来说，他们时常会因为攀比把自己气得够呛，到最后，他们也不知道事情到底错在哪里。心胸狭窄的人，总喜欢以己之长比人之短，喜欢计较个人名利得失，且越比较越是痛苦，感觉自己真的"吃了亏"或"运气不好"，甚至开始抱怨自己是"生不逢时"。看到自己的朋友当了官、发了财，他们的心理就很不平衡，总想着之前他还不如自己呢，而不去思考对方取得成功的原因。

"弱者的思路是嫉妒，强者的出路是竞争。"当拿自己与别人作比较的时候，为什么不试着改变自己的心态呢？若能以乐观积极的心态，化嫉妒为动力，鼓励自己不断前进，那么我们就会越来越接近对方，嫉妒之心

也会消失不见。那些热衷于比较且贪恋虚荣的人，早晚会把自己气死。在这个世界上，没有绝对优秀的人，人们身上总是有着这样或那样的缺点，在与他人比较的过程中，难免生出诸多嫉妒之气。在这时候，必须努力控制自己的情绪，如果任意妄为，越想越生气，心情就会郁结起来，造成更大的伤害。

“羡慕，嫉妒，恨！”不如“努力，奋斗，拼！”

不知道从什么时候开始，人们嘴里念叨起“羡慕、嫉妒、恨”这句话，这样一种情绪竟然成为了一句流行语。人们因为不满情绪的递增而强烈到不能自拔：羡慕是一种向往、崇拜，同时，它是嫉妒的萌芽，一个人对他人充满了嫉妒，其中肯定夹杂着羡慕的情绪；嫉妒是羡慕华丽的转身，当羡慕不能改变自己的现状，而他人依然有着自己不能超越的能力时，那样一种羡慕就会递增为嫉妒；恨，则是嫉妒的极限，它是由嫉妒心延伸的，一个人若总见不得别人的好，心底就会对某人产生憎恨的情绪。“羡慕、嫉妒、恨”看起来更像是一种修辞，不仅强化了中心词“嫉妒”的表达效果，同时，也包含了嫉妒的来龙去脉，即嫉妒到底是源自哪里，又将演变成什么。可是，“羡慕、嫉妒、恨”又能怎么样呢？那些我们不能改变的东西依然不会改变，无论是羡慕、嫉妒，还是恨，都只是我们自己的情绪表达，所伤害的其实只有自己。与其“羡慕、嫉妒、恨”，不如“努力、奋斗、拼”，化嫉妒为动力，只有这样，我们才能将嫉妒之心消灭。

阿部次郎在《人格主义》里写道：“什么是嫉妒？那就是对于别人的价值伴随着憎恶的羡慕。”嫉妒源自于羡慕，不过，也有细微的差异：羡慕，是指看到别人有某种长处、好处或有利条件，希望自己也能获得同样

的东西；嫉妒，是指看到别人拥有这些东西，产生抵触情绪，顿时心生恨意。“羡慕、嫉妒、恨”刻画了嫉妒的成长轨迹，羡慕只是嫉妒的表层，恨才是嫉妒的核心。歌德更是一句话道出了“嫉妒”与“恨”的关系，他这样说：“憎恨是积极的不快，嫉妒是消极的不快，所以，嫉妒很容易转化为憎恨，就不足为奇了。”其实，嫉妒心是人的一种本能，谁没有嫉妒过别人呢？只是，每个人嫉妒心的强弱程度不同，微弱的嫉妒可以激发人的进取心和竞争意识，这根本不算什么坏事；但是，如果一个人的嫉妒心过于强烈，整日里痛苦着别人的幸福，幸福着别人的痛苦，时间长了，他就会陷入一种病态心理之中。

从前，有个人饲养了山羊和驴子，主人总是给驴子喂充足的饲料，而山羊每顿只能吃得七八分饱。对此，嫉妒心很重的山羊对驴子说：“你一会儿要推磨，一会儿又要驮沉重的货物，十分辛苦，不如装病，摔倒在地上，这样便可以得到休息了。”驴子听从了山羊的劝告，摔得遍体鳞伤。主人请来了医生，为驴子治疗，医生说：“将山羊的心肺熬汤作药给驴子喝，这样才可以治好。”于是，主人马上杀掉了山羊，去为驴子治病。

这是《伊索寓言》里的一个故事，嫉妒心强的山羊对驴子怀恨在心，假装为其出主意，实际上却是想将驴子置于死地，只是没想到，被嫉妒心吞噬的它，在充满仇恨的报复行为中竟然将自己也不小心“算计”了进去。如此看来，“羡慕、嫉妒、恨”就如同一个无底的山洞，不仅埋葬了别人，同时，也会埋葬自己。

小王和小李是大学同学，大学毕业后，他们进入了同一家公司。或许，在别人看来，这是多么奇妙的缘分，可对于小王来说，却是有苦说不出。原来，两人虽然是大学同学，但也是大学时代的竞争对手。在班里，小王是班长，小李是副班长，学习成绩不相上下，如果小王在歌唱大赛中得奖了，那么，小李肯定会在诗歌朗诵中取得优异的成绩。在各方面，小李似乎都略胜一筹，这让小王感到大学生涯是多么痛苦。另外，一方面，

小王克制不了自己对小李的嫉妒心，每次只要听到小李有了什么成绩，小王心中就有一种深深的恨意。

上班第一天，小李友好地向小王打招呼，没想到，小王只是冷冷地回看了他一眼。小王在心里暗暗下决心：这一次，我一定要超过你！可是，在第二天，小王就遭受了打击，小李被任命为经理助理，职位一下子就高了很多，小王忍不住说了句风凉话："没想到，你还是跟大学一样，手段了得。"小李忍住心中的不快，笑着说："你说话总是这样犀利，其实，你也可以的，不妨把对我的恨意化作动力吧！"小王呆住了，自己以前无论怎么嫉妒、怎么仇恨，依旧什么都没有改变，小李还是那么优秀。如果早将那些羡慕、嫉妒、恨化作努力、奋斗、拼，或许自己早就摆脱苦海了。

培根说："人可以容忍一个陌生人的发迹，但绝不能忍受一个身边人的上升。"虽然距离产生美，但是，近距离的接触只会产生嫉妒。一个人一旦心生嫉妒，他就会变得"卑劣"，总想着别人出现错误，甚至，开始处心积虑地为他人制造出一些麻烦。事实上，有着强烈嫉妒心的人与"小人"没有实质的差异。一般的嫉妒，是只会停留在心理层面上的"恨"，对他人并不会造成多大的伤害；而强烈的嫉妒心，会促使一个人采用一切卑劣的手段来增加自己的高度。

嫉妒源于不如人，对一个人来说，若是被人嫉妒，这是一种精神上的优越和快感；嫉妒别人，只会透露自己的懊恼、羞愧，打击自信心。所谓"学到知羞处，才知艺不精"，当你嫉妒一个人的时候，是否意识到自己的短处呢？古人说："临渊羡鱼，不如退而结网。"不要对他人产生"羡慕、嫉妒、恨"这样的情绪，而应化嫉妒为力量，自觉地将"恨"转化为"拼"，自强不息，让自己真正地进步！

别总是嫉妒别人，做最独特的自己

周国平说："伟大的成功者不易嫉妒，因为他远远超出一般人，找不到足以同他竞争、值得他嫉妒的对手。一个看破了一切成功之限度的人是不会夸耀自己的成功，也不会嫉妒他人的成功的。"嫉妒，是我们为了竞争一些利益，对相应的幸运者或潜在的幸运者怀有的一种冷漠、贬低、排斥，甚至是敌视的心理状态。换句话说，嫉妒是由于他人胜过了自己而引起的消极情绪体验，例如，当看到同事比自己有能力时，心里就会酸溜溜的，很不是滋味，不自觉地对其产生憎恶、羡慕、愤怒、怨恨、猜疑等一系列复杂情感。一般而言，好嫉妒的人，不能容忍别人超过自己，害怕别人得到自己无法得到的名誉、地位等，因为在他们看来，自己办不到的事情别人也不要办成，自己得不到的东西别人也不要得到。然而，在这个世界上，每个人都是独特的，或许，从某一方面来看，对方是比自己优越，但是，在另外一些方面，自己所拥有的却是对方未必能得到的。

在日常生活中，我们常常为那些不存在的东西而怨恨。有的人嫉妒邻居买了新房子，却忽略了自己有一个温馨的家；有的人嫉妒同事买了豪车，却忽略了有一个骑着摩托车的男友接自己上下班；有的人嫉妒朋友有美丽的外表，却忽略了自己温和的好脾气。很多时候，当我们对他人产生嫉妒之心时，其实，已经踏进了痛苦的陷阱，因为你已经忽略了眼前的幸福。别人所拥有的并不是适合自己的，而我们所拥有的才是最好的，至少它能够长久地陪伴在我们身边。如果你总是舍弃自己，嫉妒他人所获得的东西，你会发现，自己什么也没有得到，反而徒增了许多烦恼。所以，做最独特的自己，没有必要心生嫉妒，因为你拥有的他人却未必能得到。

从前，有一位贫穷的农夫，他有一位非常富有的邻居，邻居有一个很大的院子，有一栋非常漂亮的房子，还有一辆漂亮的马车。对此，农夫对邻居十分嫉妒，心想：他一个人住那么大的房子，可我呢？一家五口人

挤在一个小草房里，上天真是太不公平了。每次遇到这位邻居，贫穷的农夫都会冷漠地走开，似乎只有以这样一种姿态才可以满足自己的自尊心。到了晚上，农夫翻来覆去就是睡不着，总想着自己要是能住上邻居那样的大房子就好了。他还向上天祈祷，让那位富有的邻居变得像自己一样贫穷吧，不然，自己会被嫉妒之心气死的。

后来，村子里来了一位智者，据说，他能给那些痛苦的人指引道路，让他们过上快乐的日子。农夫觉得自己也应该去看看，于是去那里，结果发现人们已经排了很长的队伍，而排在自己前面的不是别人，就是那位邻居。农夫感到很奇怪："这样一位富有的人也会感到痛苦吗？"过了半天，邻居进去了，农夫还在外面等着，可是，直到太阳下山，邻居还没有出来，农夫的嫉妒感又开始了："上帝真是不公平，怎么智者就跟他说了这么多！"终于，邻居出来了，那位富人的脸上显露了从未有过的笑容。

农夫心中一动，急忙走了进去，智者说："你为何而痛苦啊？"农夫回答说："我总是看我那位邻居不顺眼。"智者微笑着说："这是嫉妒在作怪，你需要做的就是克制自己，想想自己所拥有的东西。"农夫十分生气："智者啊，你怎么也那么偏袒呢？给我的邻居那么多忠告，却只给我简单的两句话。"智者说："你一进来，我就猜到你是为什么而痛苦——贫穷所带来的嫉妒。可是，那位富人进来，我只看到他殷实的外在，看不到他精神的匮乏，详细询问了才知道他的症结所在。"农夫不解："他也会感到不快乐吗？"智者说："当然，虽然，他比你富有，房子比你大，但是，他只有一个人，而你呢？还有贤惠的妻子和可爱的孩子，现在，你想想，你所拥有的是不是他所缺乏的，这样一想，你就不会痛苦了。"听了智者的话，农夫心中释然了，他感到快乐的日子离自己不远了。

农夫的嫉妒让自己远离了快乐，陷入了痛苦的深渊，他所看见的都是别人好的方面，而忽略了自己快乐的因素。在这样的心理状态下，他会认为凡事都是邻居好，自己似乎什么都差劲，而经过智者的点拨，他发现原

来在自己身上还隐藏着一些宝藏，而这些都是那位富裕邻居所缺乏的，自己还有什么可嫉妒的呢?

有这样一则寓言：“猪说假如让我再活一次，我要做一头牛，工作虽然累点，但名声好，让人爱怜；牛说假如让我再活一次，我要做一头猪，吃罢睡，睡罢吃，不出力，不流汗，活得赛神仙；鹰说假如让我再活一次，我要做一只鸡，渴有水，饿有米，住有房，还受人保护；鸡说假如让我再活一次，我要做一只鹰，可以翱翔天空，云游四海，任意捕兔杀鸡。”似乎，风景都在别处。在生活中，我们总是不由自主地去羡慕、嫉妒别人所拥有的东西，可是，我们忽略了一点，我们自己也有别人嫉妒的东西。所以，真的不要去羡慕、嫉妒别人了，守住自己所拥有的，清楚自己真正想要的，这样我们才会真正地快乐!

忍得了他人的“坏”，容得下他人的“好”

在日常生活中，我们可能是被嫉妒的那一位，时刻遭受着嫉妒者的奚落、冷漠，可另外一方面，我们也是某些人的嫉妒者，嫉妒他们所能而你不能、所有而你没有的方方面面。在我们身边，既有千方百计想陷害我们的“小人”，也有什么都比自己强的“好人”。如何来平衡这样一种关系，方能平衡自己的心理呢?其实，无论是来自嫉妒者的憎恨，还是旁人的优异，它们都是一种客观存在，威胁不了我们的位置，毕竟每个人都是独一无二的。这时，不妨糊涂一点，调整好自己的情绪，努力克制自己，既需要忍得了他人的“坏”，还需要容得下他人的“好”，这样，我们心中才会坦然，嫉妒的情绪才会消失。

小珊在一家外企工作，上司都很喜欢她，可是，身边的一些女同事却总是对她恶语相向。只是因为小珊喜欢这份工作，所以她一直坚持到现

在。小珊平时喜欢安静，而这样的性格在其他同事看来却成了“高傲”，小珊感叹：“女人多即是非多啊！”

其实，小珊的内心并不坦然，她对那些口出恶言的女同事充满了憎恶。为什么会在人际关系中有这样的感觉呢？到底这样的感觉是别人的还是自己的，她似乎并没分清楚。小珊需要忍得了女同事的“坏”，理解那份嫉妒之心是正常的，这至少表明自己还是优秀的，要不，怎么没见那些女同事去嫉妒一个平庸之人呢？这样一想，心中便会释然了。另外一方面，我们还需要容得下他人的“好”，在我们身边，可能总会出现一些比自己优秀的人，面对这样的人，我们要“宰相肚里能撑船”，容得下他们，而不是对他们心生嫉妒。

管仲从小就失去了父亲，自幼与母亲相依为命，他天资聪慧，遇到了事情喜欢动脑筋，对一些问题总是寻根究底，他的理想是当一名贤士名流。当时，管仲家庭生活贫困，被生活所迫，他不得不学起了做生意。刚开始，他把母亲编好的草帽拿到集市上去卖，但由于自己要价太高，结果整整一天，他一顶草帽也没有卖出去。正在管仲又饿又困的时候，鲍叔牙路过此地，经过了一番闲聊，管仲的学识以及修养令鲍叔牙很是敬佩。当他了解到管仲的身世之后，对他更为同情，于是，鲍叔牙请管仲到旅馆住下，与其纵论天下大事，管仲在言谈间表现出来的才干令鲍叔牙十分钦佩。他对管仲说：“如果你愿意，咱们俩合伙做生意吧！”管仲当即答应了，两人结拜为兄弟。

由于管仲家里比较贫穷，做生意的本钱都是由鲍叔牙出，但是赚来的钱，鲍叔牙总是把多的一半分给管仲。这令管仲很是过意不去，鲍叔牙却说：“朋友之间应该互相帮助，你家里不富裕，就别客气了。”过了一阵子，两人一起去当兵，在向敌方进攻时管仲总是躲在后面，而大家撤退时他又跑在了最前面，士兵们纷纷议论管仲贪生怕死，鲍叔牙却替管仲解释说：“管仲家里有老母亲，他保护自己是为了侍奉母亲，并不是真的怕

死。”管仲听到了这些话非常感动，感叹道：“生我的是父母，了解我的是叔牙啊！”

后来，齐桓公在鲍叔牙的帮助下取得了王位，于是，他在继位之后，立即封鲍叔牙为宰相。而管仲当时帮助的则是公子纠，齐桓公继位之后，管仲被囚，鲍叔牙知道自己的才能不如管仲，于是向齐桓公说：“管仲是天下奇才，大王若是能得到他的辅佐，称霸于诸侯将易如反掌。管仲并不是与您有仇，只是当时效忠公子纠而已，大王若不计前嫌重用他，他也一定会忠于您。”不久之后，齐桓公用了管仲，在管仲与鲍叔牙的辅佐下，齐国渐渐强盛了起来。

鲍叔牙以宽阔的心胸向齐桓公举荐了管仲，虽然管仲的才能远远在于鲍叔牙之上，但鲍叔牙并没有生出嫉妒之心，反而处处为管仲着想，凡事都帮着他，他们成就了一段流芳千古的友谊。正所谓“举廉不避亲，举贤不避仇”，当我们遇到了比自己更优秀的人时应该予以敬佩之情，而不应该心生嫉妒。在生活中，我们常常会遇到竞争对手，在与之相处的过程中，不自觉地就会看得对方不顺眼，处处想排挤他，其实，这就是嫉妒心理的一种表现。鲍叔牙容下了管仲的优秀，所以，他们成就了一段历史佳话。

既要忍得了他人的“坏”，又要容得了他人的“好”，对此，那根植内心的嫉妒之气不得不消灭。

1.培养自己豁达的心态

嫉妒心常常来自生活中某方面的缺乏，当我们觉得嫉妒的时候，也许是因为别人得到了我们想要的地位或荣誉，所以，我们心生嫉妒。于是，总是有种“缺乏感”来扰乱想法、感觉，它将引起嫉妒心这种强烈的负面心理状态，使我们被嫉妒心纠缠，并不断强化和持久化这种负面心理。为了摆脱这种破坏的心态，我们需要培养自己豁达、洒脱的心态，懂得“天外有天，人外有人”“强中自有强中手”的道理，相信自己还有机会去获

取成功，这样嫉妒之心慢慢就被消减了。

2.转移自己的注意力

如果我们还有很多事情要做，自然就没有时间去嫉妒别人了。为了缓解失败带来的心理失衡，我们可以找一些事情来做，使自己无暇再去嫉妒别人。因此，在工作之余，积极参加各种有益的活动，努力学习，使自己真正充实起来，这样，嫉妒心将逐渐被瓦解，自己的状态也慢慢被提升了。

努力拼搏，做一个让别人羡慕的自己

托尔斯泰说：“嫉妒是一种可耻的感情。”在现代社会，竞争日益激烈，嫉妒这种可耻的感情非但没有绝迹，反而有滋生蔓延之势。那些卑劣的落伍者，总是花费大量的精力和时间来嫉妒、怨恨，看着别人领先了自己就眼红，心生嫉恨，甚至为了报复而不惜任何代价，不择手段。可是，嫉妒换来的是什么呢？只是一种比痛苦更深沉的情绪。如果你觉得别人有优秀的地方，或者感觉自己某些方面有所欠缺，那么，放下心中的嫉妒吧，消除内在的不满情绪，增长自己的士气，努力拼搏后，你会发现自己也成了那片让人羡慕的风景。古人说：“木秀于林，风必摧之；堆出于岸，流必湍之；行高于人，众必非之。”因此，面对那些令我们羡慕、嫉妒的人，抱怨、憎恨并不是明智之举，只有放下心中的怨恨，化嫉妒为动力，努力拼搏，当自己达到了一定的高度时，你会发现当初自己嫉妒的不过是自己而已。

黑格尔说：“有嫉妒心的人自己不能完成伟大的事业，乃尽量去低估他人的伟大，贬低他人的伟大，使之与他本人相齐。”如果这样的目的不能达到，嫉妒者就会采用种种卑劣的手段，惹出更多的是非来，不过，最

后他们只能是偷鸡不成蚀把米。可见，嫉妒并不能使自己超越别人，倒不如正视自己，改变自己，奋起直追，这样，未来才有希望。

有一个人，他总是嫉妒别人的工作稳定，嫉妒别人有家庭有孩子，而自己却漂泊无依，而那位被嫉妒的人是他的好朋友，两人因此而断交。这个人使尽了所有招数来超过这位昔日的朋友，想找一个比他更好、更稳定的工作，但每次都以失败告终。

于是，这个人幻想那位朋友所有的缺点，幻想着那位朋友日后因为这些缺点而造成的重大损失。这个人自认为十分了解这位朋友，因此作出了这样的判断，并且确信自己预言的悲惨情况一定会发生。不过，令他失望的是，自己所预言的情况并没有发生，相反，那位朋友生活得越来越好。

渐渐地，他不再嫉妒那位朋友了，一方面他觉得自己心中的那位朋友并不是现实中真正的那位朋友，而是自己幻想出来的。那位朋友的事业、爱情，自己并不太了解，他心中的嫉妒，不过是自己和自己较劲。明白了这些，这个人心中的嫉妒就消失大半了。虽然，这个人最后还是创业失败了，但是，在真正失败的时候，他终于释然了，经过了人生的千辛万苦，他终于不再嫉妒任何人，内心变得无比平和与安静。

当我们在嫉妒某位同事工作能力强的时候，只是注意到了对方的优点，却没有注意自己比对方强的地方。其实，生活中的每一个人都会有不如别人的地方，当对方在某方面超过我们的时候，我们可以有意识地想一想自己的长处，这样就会使自己失衡的心理重新恢复到平衡的状态。对别人产生了嫉妒心并不可怕，关键是我们能不能正确看待嫉妒心。不妨借着嫉妒心理促使自己奋发努力，化嫉妒心为动力，超过对方。

小宋从一名小职员荣升为部门经理，大家都感到十分诧异，是怎样一种力量让一个平庸得不能再平庸的人也登上了成功的山顶呢？在公司表彰大会上，小宋道出了自己的秘密："许多人都问我，你是怎么做到的？刚开始，我总是沉默不语，其实，在我内心有一点点羞愧，本来，我打算

永远不说这个秘密的。可是，现在我发现，我需要将这个秘密告诉你们，这样，避免你们像我一样，被无谓的烦恼所困扰。”公司同事都屏住了呼吸，希望自己能从小宋那里借鉴到什么。

小宋微笑着说道：“我想你们一定不了解，我到底是一个什么样的人吧，其实，我以前是一个嫉妒心很强的人，从小，家庭的贫穷让我对那些富裕的同学心生嫉妒，为此，我甚至仇恨父母，为什么我会出生在这样一个贫穷的家庭。这样一种嫉妒的心理一直支撑到我大学毕业，因为嫉妒别人，总想超过别人，这样的一种信念让我在遇到困难时萌发出一股强大力量。大学毕业后，我进入了这家公司，这时，我似乎已经忘记了心中的嫉妒，因为在过去的那么多年里，我勤奋学习，浑然忘记了去嫉妒别人。初到公司，我就暗暗发誓，以前是我嫉妒别人，现在我要放下那些所谓的嫉妒，要努力变成一个令人嫉妒的人。我不知道现在我是不是真的成为了这样一个人，但是，我需要告诉你们的是，我已经不去在意是不是了，因为嫉妒已经完全远离了我。”话音刚落，台下响起了雷鸣般的掌声。

看见办公室同事凭着漂亮的脸蛋和一张会说话的小嘴把上司哄得眉开眼笑，有些人就会心生嫉妒，常常在背后说一些风凉话：“有什么了不起，看她都快成了经理的‘小蜜’了。”或许，不少人都有过这样的心理经历，其实，这就是“职场嫉妒病”。一个人赢得上司的重视有很多种方式，一定要凭借着自己那强烈的嫉妒心吗？你越是嫉妒，越是在长他人志气，灭自己威风，不如收敛自己的脾气，控制自己的情绪，为自己打气。当你通过了一番拼搏站在了成功的位置上，再让别人来对你羡慕、嫉妒吧！

第6章

不要独自生闷气：拔出心底伤害自己的杂草

希腊哲学家艾皮克蒂特斯说："计算一下你有多少天不曾生气。在从前，我每天生气；有时每隔一天生气一次；后来每隔三四天生气一次；如果一连三十天没有生气，就应该向上帝献祭表示感谢。"有效地减少自己生气的次数，实际上是一种心灵的修养。所以我们不要自生自气，要学会拔出心底伤害自己的杂草，抑制怒火，有效控制消极情绪，争做情绪的主人。

肯定并欣赏自己，千万不要自己生闷气

生气的理由有很多，其中，有一个理由是异常特别的：许多人之所以生气，是因为自己有某些缺点。这样的理由听起来似乎有点令人啼笑皆非，为自己的缺点而生气？如果一个人太自卑，看自己哪里都是缺点，那么，他内心的气恐怕是发泄不完的。子曰："不患人之不知己，而患人之不己知。"对于一个人来说，最担心的事情就是自己不够了解自己，不懂得欣赏和肯定自己，因为有时候那些莫名其妙的怒火其实是源于内心的自卑。有些人习惯对自己挑剔，总是觉得这里不满意，那点也不如意，诸如，身高不够高，身材不够性感，脸蛋不漂亮，家庭条件不够好等，这一切都可以成为他们生气的理由。对此，心理专家建议：不要自生自气，应学会肯定并欣赏自己，千万不要自己找气生。

有一个衣衫不整、蒙头垢面的女孩，她长得很美，不过，总是表现得满脸怨气。有人跟她聊天，她也显得心不在焉。有一天，一位心理学家惊讶地告诉她："孩子，你难道不知道你是一个非常漂亮、非常好的姑娘吗？""您说什么？"姑娘有些不相信地看着对方，美丽的大眼睛里有泪，更多的是惊喜。原来，在生活中，她每天所面对的都是同学的嘲笑、母亲的责骂，在这样的成长过程中，她已经失去了自信，而自卑则成为了她怨气的根源。事实上，每个人都不是完美的，我们的身上可能有一些可爱的缺陷，但是，无论是缺点还是优点，那都是我们自己的特质，我们首

先应该接受并欣赏自己。即使在某一方面做不到绝对地完美，那又有什么关系呢？我们根本没有必要把它当作一个生气的理由，否则，除了生气，我们已经没有别的时间和精力来做其他的事情。

林黛玉刚刚进荣国府的时候，曹学芹对她就有一句评语："心较比干多一窍。"后来，林黛玉看到史湘云挂了金麒麟，宝玉最近也得到了一个金麒麟，林黛玉便开始生气，"便恐就此生隙，同史湘云也做出那些风流佳事来。"于是，林黛玉便去偷听，结果却听到了宝玉厌烦史湘云劝他留心仕途的话，宝玉说："林姑娘从未说过这些混帐话不曾？若他也说过这些混账话，我早和他生分了。"黛玉听到这样的话，"不觉又惊又喜，又悲又叹。所喜者，果然自己眼力不错，素日认他是个知己，果然是个知己。所惊者，他在人前一片私心称扬于我，其亲热厚密，竟不避嫌疑。所叹者，你既为我之知己矣，自然我亦可为你之知己矣，既你我为知己，则何必有金玉之论哉；既有金玉之论，亦该你我有之，则又何必来一宝钗哉！所悲者，父母早逝，虽有刻骨铭心之言，无人为我主张。况近日每觉神思恍惚，病已渐成，医者更云气弱血亏，恐致劳怯之症，你我虽为知己，但恐自不能久待；你纵为我知己，奈我薄命何！"

有一次看戏，大家都看出那个演小旦的有点像林黛玉，只是都不肯说，史湘云却是快人快语，一下子就说了出来，林黛玉感觉到自己受辱了，马上就生气了。怕黛玉生气，宝玉使眼色给史湘云，本来宝玉是一片好意，黛玉却是更加生气。

后来，黛玉说起宝琴来，想到自己没有姊妹，不免心中怨气，又哭了，宝玉忙劝道："你又自寻烦恼了，你瞧瞧，今年比去年越发瘦了，你还不保养，每天好好的，你必是自寻烦恼，哭一会，才算完了这一天的事。"黛玉拭泪道："近来我只觉得心酸，眼泪却好像比旧年少了些的，心里只管酸痛，眼泪却不多。"宝玉说道："这是你平时哭惯了心里疑的，岂有眼泪会少的！"

林黛玉自己也明白，自己的病是因性情所起，但是，她没有为之作出改变，真是令人叹息。虽然，林黛玉各方面条件都不差，但是，父母都已经不在人世，自己又寄人篱下，心中未免有点自卑，这成了其怨气的根源。在林黛玉身上所体现出来的特点是：既才华出众，却又多疑多惧。很多时候，她不懂得欣赏自己，自然就没有办法快乐起来，以致怨气越来越重，最终成了一种病。前不久，林黛玉的扮演者陈晓旭因患乳腺癌去世，中医有这样一种说法：乳腺癌是因为气郁于胸。或许，是陈晓旭扮演林黛玉入戏太深，或许是天性使然，她的性格与林黛玉十分相似，因而，最终也落得个香消玉殒的结局。

索菲亚·罗兰刚进入演艺圈时，制片商给予其善意的“建议”：“如果你真的想干这一行，就得把鼻子和臀部‘动一动’。”但是，肯定并欣赏自己的索菲亚拒绝了这样的建议，她说：“我懂得我的外形和那些已经成名的女演员不一样，她们都相貌出众，五官端正，而我却不是这样，我的脸毛病很多，但这些毛病加在一起反而会更加有魅力，说实在的，我的脸确实与众不同，但是，我为什么要和别人一样呢？”索菲亚的自我欣赏与肯定并没有令大家失望，后来，她被誉为世界上最具自然美的人。无论自己有着多么独特的缺点，都不要嫌弃它，我们需要以一种欣赏的眼光来看待，因为这个世界不需要大众化的美，而需要独特的美丽，在这一点上，每一个人都应该相信自己拥有一份与众不同的美丽，请学会欣赏与肯定自己吧，不要总是在自己身上找气。

百气自生，清理自己生气的导火索

俗话说：“百气自生。”气是什么？它是一种情绪反应，一个人内心的“怨气”往往是自生的，并不需要我们自己决定是否该生气。有位朋友

常常不解地诉说自己的困惑："昨天晚上又和他生气了，本来可能只是一件小事，但是，后来就演变成大的灾难，直到睡觉前，我眼中还有泪，可是，今天早上一起床，我就感到很迷惑，怎么昨晚后来就吵起来了呢？我根本没有想过要生气啊，怎么就生气了呢？"在很多时候，愤怒情绪的发泄，已经让我们忘记了生气的真正导火索是什么，好像我们在生气时根本没有想过这个问题。直到生气完毕之后，我们才意识到，当初是为什么生气呢？所以，我们需要理解"百气自生"的道理，学会清理自己生气的导火索，这样才能帮助我们抑制内心的怒火。

其实，在大多数情况下，生气只是因为一件小事，而那所谓的"一件小事"不过是导火索，在这之前，我们心中可能已经郁积了一些气，而一旦遭遇了导火索，怒气便一下子发泄出来了。一位常常生气的人回忆自己生气的过程："早上，他就上班去了，我一个人在家，时而想想过去他的事情，想想横亘在我们之间那些悬而未决的事情，越想越生气，忍不住就发一条挑衅的短信给他，他通常都是不回，保持沉默。可是，他越是沉默，我就越是生气，我那时候就开始想象晚上和他争论的场景。只要他一回来，我的每一句话、每一个动作就包含着浓重的火药味。对此，他常常告诉我，是我自己整天胡思乱想，自己生气，后来，我仔细回想了一下，的确，似乎那些'怨气'就是自然而然从我心中滋生的，等到我发觉的时候，我本身已经在生气了。"想必这样一个生气的过程会给我们带来一些启示吧，每个人生气的具体情况不一样，但是，那种"气由心生"的过程则是惊人地相似。如果你现在开始探秘自己生气的导火索，你会惊讶地发现，那些所谓的怒火，其实纯粹是"自燃"。

心理学家有这样一个秘诀，当一件对自己具有副作用的事情来临时，你可以思考一些问题，以此帮助自己找到生气的导火索，消灭心中的怒火。也就是说，在你生气之前，需要先问自己下面12个问题。

1.我有改变的余地吗?

2.我改变它所消耗的与能够换来的成比例吗?

3.我放弃和容忍的损失具体是什么?

4.如果损失的可以折算成金钱的利益，我会那么需要和依赖这些钱财吗?

5.如果损失的是增加得分的名声，我会那么需要和依赖这些名声吗？这些增加的名声最终解决了我的什么?

6.如果损失的是减少得分的名声，有多少人关注这件事，若自己不计较是否天下本就没人在意?

7.即使事关气节，若干年后公论不能回来吗?

8.更多的时候，我们的情绪是否来自最亲近的人和最琐碎的事?

9.除了跟最能接受自己的人发泄，我们还有什么能耐?

10.除了这些最不值得关注的琐事，难道我们没有更有意义的事情去关注、思考、努力吗?

11.长城还在，秦始皇在哪里?

12.苏格拉底死了，他大概在笑话我们活着的莫名其妙忧郁的人吧?

一个胸中怀有宏大志向的人，是不应该过于被琐事纠缠的，在这个世界上，本来就没有多少事情值得我们去计较。在现实生活中，绝大多数的事情都是“不过如此”，有什么值得生气的呢？从一个人的内心来讲，谁都不愿意生气。那到底是什么事情在困扰着我们呢？如果我们内心真正地想清楚了，想放下心中的怨气，其实这并不困难，生气是没有必要的。当你明白了自己生气的导火索，你会发现，那真的不是什么大事，是可以解决的，生气只不过是一种发泄，并不会帮助我们解决问题，我们所需要做的是将生气的时间和精力更好地运用到如何解决问题这件事情上。

为了更有效地找到自己生气的导火线，同时帮助自己消灭心中的怒火，心理学家提出了“情绪温度计”的说法。在日常生活中，我们需要养

成平时记录自己情绪的习惯，每天，我们可以分几个时段来记录，而且，我们需要写下生气的理由，这样可以帮助自己察觉并检测到自己的情绪。如果说“生气”是自己生活中的常客，那么我们可以找出自己的“情绪温度计”，与心中的怒气来一场“心灵对话”，从而彻底地消灭怒气。

如何使用“情绪温度计”呢？首先，我们把“情绪温度计”的刻度设定在0~10分，把每天分成7个时段，比如，早上起床太晚，路上又遇到塞车，还没有进入办公室就和某同事吵架，那么，这一天，你只能给自己打2分。在了解了自己一天中情绪的起伏变化后，开始通过情绪记录去寻找原因，写上一段话作总结。为什么今天打了7分？原来，今天收到了朋友的鲜花，心情非常愉悦，以至于同事嘲讽了一句，自己也不生气。这样，情绪记录的时间长了，自然就培养出了细微的观察力，就算是心中很细微的情绪，自身也能察觉到。这样一来，我们就能顺利找到生气的导火索，从而破解心中的怒火。

别放大自己的错误，犯个错没什么了不起

俗话说：“金无足赤，人无完人。”在这个世界上没有完美的东西，任何事物都有它的长处和短处。一个人总有失误的时候，谁也不敢保证自己就是永远的成功者；一个人总是有这样或那样的缺陷，谁也不能保证自己是最完美的。但有许多人忍受不了自己的错误，习惯于用放大镜来看待自己的错误，从而陷入深深的自责中不可自拔，甚至不能原谅自己。事实上，每个人都会犯错，犯个错误没什么了不起，不要用放大镜来看待自己的错误，自己生自己的气。既然错误已经存在了，我们所需要的是明白如何来弥补错误，完善自己，以免再犯类似的错误。一些爱生气的人往往自认为是完美主义者，他们不能够容忍自己的错误，以致内心的烦恼、不满

情绪不断滋生。其实，这根本没有必要的。不要为自己标榜上“成功者”的印记，我们不过是一个普通人，既然避免不了错误，就要尝试着接受那个犯错的自己，然后学会原谅自己，不要纠结在自责中，最后平复内心的情绪，懂得知错就改，这样，我们才能成为尽善尽美的人。

人与人之间为什么会有永不停息的伤害呢？其实，这大部分都是因为一些彼此无法释怀的坚持所造成的。如果我们能从自己做起，宽容地对待自己，原谅自己无意或有意犯下的错误，相信一定会收到意想不到的结果。当我们开启一扇窗户的时候，我们会看到更完整的天空。一个人需要宽容，因为宽容是一种美德，一种素质，而且，我们首先应该宽容的就是自己，这样我们才有更宽广的胸怀去宽容别人。如果连自己都宽容不了，我们又怎么能原谅别人的错误呢？有人说，能够宽容自己的人，他们更容易融洽人际关系。卡耐基是美国著名的成功学家，他曾这样写道：“通过对全球120名成功人士的调查发现，他们都有一个共同的特点，就是能够建立融洽的人际关系，而正是因为他们有一颗宽容的心，所以人际关系才会那么好。”而且，大凡取得瞩目成就的人，他们的成功之路并不会一帆风顺。总是波折不断。或许，他们也曾经犯过不少错误，但是，他们懂得原谅自己，以更加完美的姿态去迎接挑战，最后，他们才赢得了成功。如果他们总是纠结在自己曾经犯下的错误中，那么，他们只可能在郁郁中度过余生。

有一天，一个身材高大魁梧的人走在库法市场上，他的脸被晒得黝黑，还遗留着战场上的痕迹。市场里坐着一个无聊的商人，他看到那个高大的人走过来，便想逗逗他，以显示自己的搞笑本领。于是，商人将垃圾扔向那个过路人，但是，那个高大的过路人并没有因此而生气，而是继续迈着稳健的步伐朝前走去。

当那个人走远了以后，旁边的人对那无聊的商人问道：“你知道刚才你侮辱的人是谁吗？”商人笑着回答：“每天有成千上万的人从这里经

过，我哪有心思去认识他呀！难道你认识这人？”旁边的人立即惊呼：“你连这人都不认识！刚才走过去的就是著名的军队首领——马力克·艾施图尔·纳哈尔。”商人涨红了脸，似乎不太相信：“是真的吗？他是马力克·艾施图尔·纳哈尔！就是那个不但让敌人听到他的声音就四肢发抖，连狮子见到他都会胆战心惊的马力克吗？”旁边的人再次肯定地回答：“对，正是他。”商人惊恐地说：“哎呀！我真该死，我竟做了这样的傻事，他肯定会下令严厉地惩罚我。”

想到关于马力克·艾施图尔·纳哈尔的传言，商人吓得心惊胆战，深深自责自己刚才的错误。他马上关了店门，整个人蜷缩在被子里，等着马力克的惩罚，可是，一天过去了，马力克没有来，一周过去了，马力克还是没有来。虽然，马力克并没有出现，但是，商人内心的恐惧越来越重，他不能原谅自己的过错。邻居们都来劝慰：“马力克将军是多么有修养的人，怎么会跟你计较呢？”商人还是摇摇头，整个人看上去既憔悴又疲惫。

商人已经陷入了自责的心绪中，即使马力克表示已经原谅了他，他自己还是走不出那个心结，他难逃自责的痛苦。心理学家表示：那些无法原谅自己错误的人，其实是对自己有着严格苛求的人。而商人之所以无法原谅自己，是源于内心的害怕，他不断自责之前所犯下的错误，是因为害怕受到相应的严厉惩罚。还有的人，他们没有办法原谅自己的过错，或者深陷自责当中不能自拔，主要原因是对自己要求太严格，或者说，之前给大家所形成的印象太美好，一旦错误对印象造成了破坏，他们就认为再也没有办法弥补，所以，开始不断地自责，有的人甚至会为自己人生的某一次错误而忏悔一生。

约翰尼·卡特是著名的灵魂歌手，谁曾想到他过去也犯过一次错误呢？在约翰尼·卡特的事业蒸蒸日上的时候，他却感觉到自己的身体已经被拖垮了。为了保证演出，每天，他需要借助安眠药才能入睡，还需要服

用“兴奋剂”来维持第二天的精神状态。后来，卡特的坏习惯越来越严重，一位行政司法长官对他说：“约翰尼·卡特，今天我要把你的钱和麻醉药还给你，因为你比别人更明白你能充分自由地选择自己想干的事。这些就是你的钱和麻醉药，你现在就把这些药片扔掉吧，否则，你就去麻醉自己，毁灭自己，你自己作出选择吧！”那一瞬间，卡特醒悟了，然而，自己的过错能赢得歌迷的原谅吗？卡特并不知道，但是，他明白，只有自己才能原谅自己，于是，他开始戒毒，经过了长时间的坚持，他成功了，重新回到久违的舞台。在那里，他赢得了所有歌迷的原谅，每每说到过去的记忆，卡特总不忘说一句：“我并没有放大我的错误，我只是用自己的行动告诉别人，我可以改正错误。”的确，我们应该永远记住这样一句话：犯错并不是一件特别严重的事情，千万不要拿着放大镜看自己的错误，原谅自己吧！

不自信地退却比失败还要可悲

对于每一个成功者来说，他们从来没有因为不自信而生气过。爱迪生曾经试用1200种不同的材料做白炽灯泡的灯丝，但是都失败了，有人批评他：“你已经失败了1200次了。”可是，爱迪生一点也生气，反而充满自信地说：“我的成功就在于发现了1200种材料不适合做灯丝。”正是怀着这份自信，爱迪生最后获得了成功。许多时候，我们所面对的是同样的机会，自信的人选择迎难而上，不自信的人还没有开始就选择了退却。当然，自信者有可能会面临失败，但是，对于那些不自信的人来说，胆怯地退却比失败还要可怕。在现实生活中，常常有人因为不自信而生气，当机遇来临的时候，他们选择退却，但是，当别人因为这次机遇而获得成功的时候，他们心中又不自觉地感到十分生气：“早知道当初我就不要放弃

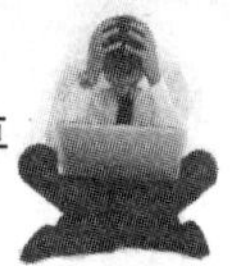

了，真是倒霉，怎么好运气偏偏都被别人抢了？”可是，这时候的生气有什么用呢？真正的强者，就是迎着困难而上，即使自己失败了，在他心中也没有任何怨言；只有那些所谓的不自信者，才会在错失机会后唉声叹气，怨声载道。所以，要想克制内心的怨气，我们就要做一个自信满满的人，即使失败了，也无怨无悔。

威尔逊在创业之初，他的全部家当就只有一台分期付款的爆米花机，价值50美元。第二次世界大战之后，威尔逊做生意赚了点钱，他决定从事地皮生意。当时，在美国从事地皮生意的人并不多，战后大多数人都比较穷，买地皮、修房子、建商店的人很少，地皮的价格也很低。当威尔逊骄傲地宣布自己的决定时，遭到了亲朋好友的反对，大家都对他说：“你太自信了，到时候一定会输得很惨。”然而，威尔逊却固执己见，他认为家人和朋友的目光太短浅了，美国作为战胜国，其经济应该很快就能进入发展期，而那时买地皮的人增多，地皮的价格就会暴涨。

于是，威尔逊用自己的积蓄再加上贷款在市郊买下了很大的一片荒地，然而，这块土地地势低洼，不适宜耕种，简直无人问津。不过，威尔逊还是决定买下这块土地，他预测：美国经济很快就会繁荣，城市人口增多，市区会不断地扩大，必然向郊区延伸，在不久之后，这块土地就会变成黄金地段。

一两年过去了，威尔逊的预言成真了，美国城市人口剧增，市区迅速发展，大马路一直修到了威尔逊的那块土地上。这时，人们发现这块土地风景宜人，是一个夏天避暑的好地方。于是，这块土地的价格倍增，很多商人竞相出高价购买，但是，威尔逊有着长远的打算。他在这块土地上盖起了一座“假日旅馆”，由于地理位置比较好，开业后生意兴隆，从这以后，威尔逊的生意越做越大，如今，在世界各地都有“假日旅馆”。

当初，家人朋友对威尔逊的计划颇有不屑之意，甚至对他的未来给予犀利的评判：“你太自信了，到时候一定会输得很惨。”然而，威尔逊坚

持了下来，在他看来，当自己做一件事情的时候，一定要坚持下去，即使失败了，内心也不会有半点怨言。事实证明，威尔逊的决定是正确的，凭着那股来自内心的自信，他开创了自己的事业。如果当时的威尔逊是一个不自信的人，在遭到亲朋好友的反对之后选择了退却，那么，这个世界上又少了一位成功的商人。

莉莉是一名歌剧演员，她有一个梦想：大学毕业后，先去欧洲旅游一年，然后再去纽约百老汇占有一席之地。对此，心理老师找到莉莉说："你今天去百老汇跟毕业后去有什么差别？"莉莉仔细一想，说："是的，大学学历似乎并不能帮我争取到去百老汇工作的机会。"于是，莉莉决定一年后去百老汇闯荡，老师感到不解："你现在去跟一年以后去有什么不同？"莉莉想了一会儿，犹豫地对老师说："我决定下学期就出发。"老师紧紧追问："你下学期去跟今天去，有什么不一样呢？"莉莉有点眩晕了，难道就这样子去百老汇吗？老师继续追问："一个月以后去跟今天去有什么不同？"莉莉激动不已，说："给我一个星期的时间准备一下，我就出发。"老师步步紧逼："所有的生活用品在百老汇都能买到，你一个星期以后去和今天去有什么差别？"莉莉激动得语无伦次："可是……"老师说："我已经帮你预定了明天的机票。"莉莉看了看平凡的自己，突然，一种不自信从心底涌出来，她对老师说："呃，我还是先不去了，等我准备好了再去吧。"心理老师满脸失望："以后，你会对这个决定感到十分后悔的。"

莉莉最终没能去百老汇，后来，她才知道，在同一天，老师找到了另一位同学安妮，对她进行了同样的劝告。安妮在最后那一刹那，自信地说："那我明天就去。"几年过去了，安妮成了百老汇小有名气的歌剧演员，而莉莉在一所普通的高中任职音乐老师，她对自己的生活充满了抱怨："当初，在最后关头，我若不退却，现在肯定也在百老汇的舞台作精彩演出了，我的命运怎么这么惨呢？上天真是不公平啊！"

不自信是阻碍一个人成功的主要因素，而且，不知道从何时开始，不自信也成了一个人生气的理由。大多数人就是因为不自信，所以，他们在最关键的时刻选择了退却，从表面上来看，他们暂时避免了失败，但是，从长远来看，他们也永远避免了成功。对一个梦想成功的人来说，与其不自信地退却，事后满腹委屈与抱怨，不如作最后的拼搏，即使失败了，也无怨无悔，因为，不自信地退却远比失败更可怕。

悲观的心境，只会让自己气郁沉沉

悲观是一种比较普遍的情绪，面对生活中诸多的不如意，每个人都有可能会悲观一下，然而，许多人尚未意识到悲观的危害性。有的人甚至认为，悲观也没有大不了的，又不是抑郁症。可是，据心理学家观察，长时间的悲观心境，会让一个人感到失望，丧失其心智，长期生活中在阴影里，会让一个人变得气郁沉沉。所以，我们应该远离悲观的心境，调整自己的情绪，走出悲观的阴霾，做一个乐观积极的人。

可能，谁也没有想到过，美国最著名的总统之一——林肯竟然曾是抑郁症患者。当时，林肯在患抑郁症期间，他曾说了这样一段感人肺腑的话：“现在我成了世界上最可怜的人，如果我个人的感觉能平均分配到世界上每个家庭中，那么，这个世界将不再会有一张笑脸。我不知道自己能否好起来，我现在这样真是很无奈，对我来说，或者死去，或者好起来，别无他路。”幸运的是，最后，林肯战胜了抑郁症，成功地当选为美国总统。事实上，悲观给我们生活所造成的影响是巨大的，一个有着悲观心境的人，无论是生活还是工作，都没有办法获得成功，甚至，那一种悲观的心境还会有意或无意地成为其成功路上的绊脚石。

有两个人，一个叫乐观，一个叫悲观，两人一起洗手。刚开始的时

候，端来了一盆清水，两个人都洗了手，但洗过之后水还是干净的，悲观说："水还是这么干净，怎么手上的脏物都洗不掉啊？"乐观却说："水还是这么干净，原来我手一点都不脏啊！"几天过去了，两个人又一起洗手，洗完了发现盘里的清水变脏了，悲观说："水变得这么脏啊，我手怎么这么脏？"乐观却说："水变得这么脏啊，瞧，我把手上的脏东西全部洗掉了！"同样的结果，不同的心态，就会有不同的感受。

拥有悲观心境的人，他们所看到的总是事情的灰暗面，哪怕是到了春光明媚的日子，他们所能看到的依然是折断了的残枝，或者是墙角的垃圾；拥有乐观心境的人，他们的眼里到处都是春天。悲观的心境，只会让自己气郁消沉；乐观的心态，会让自己感受到阳光般的快乐。

里根在小时候是一个乐观的孩子。有一次，爸爸妈妈送给里根一间堆满马粪的屋子，过了一会儿，他们来到里根的门口，发现里根正兴奋地用一把铲子挖着马粪，看到爸爸妈妈来了，里根高兴地叫道："爸爸，这里有这么多马粪，附近一定会有一匹漂亮的小马，我要把这些马粪清理干净，一会儿小马就来了。"悲观的心境就像是飘浮在天空中的乌云，它遮住了生活的阳光，长时间下去，会令人们变得气郁沉沉。所以，远离悲观，放弃心中的怨气，让阳光照进生活中吧。

不跟他人比较，你就是独一无二的

科南特说："垃圾是放错了位置的财宝，对哈佛大学来说，重要的不是出了七位总统和三十多位诺贝尔奖获得者，而是让进哈佛的每一颗金子都发光。"在这个世界上，每个人都是独一无二的，你可能就是那一颗等待被发现的金子。然而，在现实生活中，有一些人总是处处与他人作比较，觉得自己不如别人优秀，似乎这辈子自己真的就一事无成了。事实

上，对于每一个人来说，命运都是公平的，每个人都有自己的价值，这是毋庸置疑的，我们所要的做就是欣赏自己，认清自己的价值。而比较，它所带给我们的只有失落、沮丧、烦恼、生气，更为关键的是，比较之后，我们会变得更不自信，开始怀疑自己的能力，甚至会变得自暴自弃。所以，不要处处比较，这只会为自己平添烦恼，其实，我们就是那独一无二的“宝藏”。

约翰在中学的时候，由于平时学习不积极，成绩很差，每次考试都是倒数几名。面对这样的约翰，老师说：“你已经无可救药了。”身边的同学也看不起他，约翰感到十分沮丧，他觉得自己这辈子也不会有什么出息了。

有一天，老师在班里兴奋地宣布，将有一位著名的学者到班上做实验。约翰心想，这和我有什么关系呢？不过，约翰从同学那里了解到，这位学者是研究人才心理学的，据说他有一台神奇的仪器，能预测出谁未来会获得成功。约翰有点生气，心想：这和我更没有关系，我成绩这么差，未来怎么可能获得成功？成功只属于那些成绩好的同学。这样想着，约翰干脆出门玩去了。

在同学们殷切的眼神中，著名学者终于来了，老师神秘地点了五个同学的名字，其中包括约翰。约翰感到十分紧张：难道自己又要受批评？来到办公室后，那位著名的学者开始讲话了：“孩子们，我仔细研究了你们的档案，包括家庭以及现在的学习情况，我认为你们五个人将来会成大器的，好好努力吧。”约翰感到一阵眩晕，以为自己听错了，可是，看着在场人的表情，约翰知道这是真的，原来自己与那些成绩优秀的人是一样的。很快，约翰的成绩就上来了，再也没有人说他是无可救药了。

本来，约翰将自己划分为“失败者”这一行列，没想到，著名学者的巧妙暗示成为约翰走向成功之路的助推器。通过学者的话语，约翰明白了，原来自己是独一无二的人才。由此，约翰的内心受到了鼓舞，不再泄

气，不再抱怨，不再比较，他开始朝着成功的方向前进。

爱默生曾说：“你，正如你所思。”每个人都梦想着成为最优秀的那一个，事实上，我们真的可以成为那样的人。没有谁能够保证你不能成功，既然没有办法否定这一事实，为什么不试一试呢？相反，如果在你的生活中，总是习惯与别人比较，不敢相信自己，逐渐忽略自己、迷失自己，或许，未来的你将会一事无成，而且，很可能你的余生将在烦恼和抱怨中度过。每个人都是一座宝藏，有着无限的潜力和能力，不要去比较，而应通过不懈的努力来挖掘自己的宝藏，因为你就是独一无二的那一位。

一位学者到了风烛残年的时候，感觉到自己的日子已经不多了，他想考验和点化一下自己那位看起来很不错的助手。于是，他把助手叫到床前说：“我需要一位最优秀的承传者，他不但要有相当高的智慧，还必须有充分的信心和非凡的勇气……这样的人直到目前我还没有见到，你帮我寻找和发掘出一位，好吗？”助手坚定地回答说：“好的，好的，我一定竭尽全力去寻找，不辜负您的栽培和信任。”

于是，这位助手就开始想尽一切办法来为老师寻找继承人，然而，每次他领来的人都被学者婉言谢绝了。有一天，已经病入膏肓的学者挣扎着坐起来，拍着助手的肩膀说：“真是辛苦你了，不过，你找来的那些人，其实还不如你……”半年之后，眼看学者就要告别人世，但最优秀的人还是没有找到，助手十分惭愧，泪流满面地对老师说：“我真对不起您，令您失望了！”学者叹息着说道：“失望的是我，对不起的却是你自己……本来最优秀的人就是你自己，只是你不敢相信自己，总是与他人相比较，才把自己给忽略、给耽误、给丢失了……其实，每个人都是最优秀的，差别就在于如何认识自己，如何挖掘和重用自己……”话还没有说完，学者就永远离开了这个世界，而那位助手一辈子都活在了深深的自责之中，因为他辜负了老师的愿望。

比较的根源是不自信，因为不自信，所以才想通过比较来找回自信。

可是，大多数人在比较中不仅没能找回自信，反而变得自卑。甚至，在比较的过程中，当他们意识到自己远远不如别人的那一刹那，他们的心中是充满怨气和愤怒的，最后，他们只能成为庸庸碌碌的人。智者与庸者的差别在于，智者从来不与他人比较，他们相信自己就是独一无二的；而庸者总是沉迷于比较游戏中，他们在比较中丢失自我，满腹怨气，最后成了平庸的人。

第7章

排出焦虑的精神毒素：不要总是苛求自己

现代社会，“焦虑”这个词语属于高频率出现的代表性词汇，正如人们常说“我很焦虑”。对于生活在大都市的人们而言，他们焦虑的因素很多，生老病死、升职加薪、结婚生子……每天都在为一些事情而焦灼不安。事实上，不要总是苛求自己，学会慢慢放松，自然会化解内心的焦虑。

让人生免受焦虑的折磨

成功大师卡耐基有时会回忆："多年前的一个夜晚，邻居匆忙来按我家门铃，让我们一家去种牛痘以预防天花。惊恐的人们排着长队，多个接种站的两千多名医生、护士夜以继日地工作，这一切都是因为纽约有八人患上天花，其中死亡两人——800万纽约市民仅仅死亡两人。"这时，卡耐基发出这样的感叹："我在纽约市居住了37年之久，可从没有人上门提醒我，要预防精神上的忧郁症，在过往的37年中，这种病症对人的损害，远胜天花万倍。"卡耐基这里所指的精神上的忧郁症，其实就是负面情绪的一种。在现实生活中，大部分人的精神崩溃源于忧虑和情感冲突。那么，为什么人会受到焦虑的折磨？

吉姆是一位年轻的汽车销售经理，他的前途充满了无限希望。但是，吉姆的情绪非常糟糕，他意志消沉，觉得自己快要死了。他甚至开始为自己挑选墓地，为自己的葬礼做好了一切准备工作。其实，吉姆的身体只是出了一点小问题，有时候会感觉呼吸急促，心跳很快，喉咙梗塞，医生规劝："你只需要坦然处理生活，退出自己热爱的汽车销售行业就行了。"

吉姆在家里休息了一阵子，但是，他还是满是焦虑和恐惧，于是，他的呼吸变得更加急促，心跳也更快，喉咙依然梗塞。这时，医生劝他到外面去透透气，吉姆照做了，但依然无法阻止其内心的焦虑和恐惧。一周过去了，吉姆回到家里，他感觉死神快降临了。朋友告诉吉姆："赶快打消

你的猜疑！如果你到明尼苏达州罗切斯特市的梅欧兄弟诊所，你就可以彻底地弄清病情，而不会失去什么，赶快，立即行动。”吉姆听从了朋友的建议，他来到了罗切斯特，实际上，吉姆一直在担心自己会在路途中突然死亡。

在梅欧诊所，医生给吉姆作了全面检查，医生告诉吉姆：“你的症结是吸进了过多的氧气。”吉姆先是一愣，然后大笑了起来：“那真是太愚蠢了，我怎样对付这种情况呢？”医生说：“当你感觉呼吸困难、心跳加速的时候，你可以向一个袋子呼气，或者暂时屏住气息。”医生递给吉姆一个纸袋，吉姆照办了，结果，他发现自己的心跳和呼吸都变得很正常，喉咙也不再梗塞了。当他离开诊所的时候，他已经变得容光焕发，原来这一切的症结都是因为内心的焦虑和恐惧。

焦虑和恐惧是一种负面情绪，长期的焦虑和恐惧会让我们相信，某个想象中的坏事情会变成现实。然后，就是在这样的消极心理中，那些预感中会发生的事情真的发生了。到最后，我们的焦虑和恐惧会越来越严重，以至于身体上真的出现了疾病。

相比较负面情绪而言，积极的心态会给人向上的信心和希望，鼓舞人不断地追求幸福生活。现代社会是一辆疾驰的列车，它更需要能量的驱动，负面情绪就好像是劣质的汽油，会对列车造成致命的伤害，甚至引发故障导致抛锚。因此，我们只有创造更多的好心态，才能让列车安全地驶向远方。不过，在消灭负面情绪、创造好心态之前，我们还需要了解为什么会有那么多人遭受负能量的折磨。

1.执着负面情绪会上瘾

当一个人总是沉浸在负面情绪中，时间长了是会上瘾的，这就好像吸毒一样。比如，失恋的女孩子总会想办法去打探前男友的消息，一旦有渠道可以听到前男朋友的消息，她就兴奋，听到消息之后，或悲伤或高兴，但更多的是把她带到过去痛苦的感情世界里，结果，她越是强迫自己忘

记，越是深陷其中。

2.人总是可怜地想破罐子破摔

一旦一个人被负面情绪所困扰，体内全是负能量的冲撞，他就很容易放弃自己。不管怎么样，我们永远需要认清一个事实，那就是在这个世界上没有谁可以打败你，除了你自己。假如你总是画地为牢，将自己牢牢设限在某个位置上，破罐子破摔，那你永远走不出心里的阴霾。

豁达人生，做自己就好

在日常生活中，如果我们仔细观察孩子，就会发现在他们身上有一个有趣的特点：总是为得不到的玩具或某种东西而生气，尤其是对于自己特别想要的东西。难道这个特点只存在于孩子身上吗？当然不是，在许多成年人身上，也多多少少会显露出这样的特点。一个人若是特别想要某种东西，却突然间得知自己不能获得，一种强烈的失望感就会涌上来，另外，内心自然会感到愤怒；有时候，即使不是特别希望得到某种东西，而在同样的条件下旁边的人却得到了，他也会愤怒，这是源于内心的不服气。这样一些不服气的人，他们总是在为得不到的而生气。

前不久，销售部的李姐因为出现了财务问题被降职了，所以部门经理的位置空缺了出来。许多人都梦想着坐上这个位置，在整个销售部门，小敏与小叶的呼声最高。大家都知道，小敏与小叶虽然是同窗好友，但是，到了同一个部门、同一个岗位后，似乎每一次工作都暗中较劲，成了竞争对手。老板也感到很为难，因为两个人都很优秀，他也不知道到底由谁来担任这个职位好。

就在老板感到左右为难之际，小敏推开了办公室的门，她微笑着向老板说："上次，那个大客户对我们的方案不是很满意，经过多次协商，他

还是要求我们重新拟写一个方案，您看，这该如何是好呢？”听到小敏的工作报告，老板心中有了主意，他马上叫来了小叶，当着两个人的面，老板说道：“你们俩都知道上次那个客户吧，当时，那个方案是由你们两个人负责的，现在，我需要你们俩分别拟写一个方案，客户满意哪一个人的方案，谁就成为销售部门的经理。”小敏和小叶面面相觑，随后点了点头。

一周过去了，小敏和小叶交上了自己拟写的方案，最终，客户似乎对小敏的方案更青睐。小敏成为了销售部经理，小叶对此愤愤不平，经常向同事抱怨：“我还不是一样努力，凭什么她就坐上了经理的位置，我还只是个小职员呢？”每天，小叶除了抱怨还是抱怨，工作积极性也不如以前，老板对她很有意见，没过多久，小叶就主动辞职了。

人是欲望感十分强烈的群体，看到别人获得了某样东西，自己也会感觉心痒痒，总是感到不服气：为什么我就得不到呢？于是，他们开始生气、愤怒、自怨自艾，情绪陷入消极状态中。事实上，即使自己真的很想得到某种东西，我们也应该积极地去争取，有争取才有机会获得，否则，我们除了生气，什么也得不到。

老李夫妇在街边支起了一个小摊，老妇人大声叫卖着烙饼，老头子欢快地翻动着香喷喷的大饼。虽然他们一家三口只是挤在30平方米的小房子里，看着邻居住上了大别墅，开上了小轿车，老李从来没有半点怨气，心中却十分感激：只要我每天能够闻着那烙饼的香味吃饭，这就足够了。老李夫妇一天可以挣个几十块，如果超出了一百多，晚餐就可以买点新鲜肉来吃了。儿子在镇上一所普通中学读书，但他的成绩每次都是全校第一。对老李夫妇来说，儿子就是最大的骄傲，所以他们每天哼着小曲等着儿子放学了一起收摊。

老李还有个爱好，那就是五天买一次彩票，以前他不知道那玩意儿能中奖，在偶然情况下，他知道了，便养成了买彩票的习惯。老妇人取笑他

财迷心窍，老李乐呵呵地笑着，没有说话，其实，买彩票只是给自己心里一种愉悦感，一种对幸福的憧憬。人们都说彩票能中奖是天上掉馅饼的事情，可这样的好事真的被老李捡到了。在前天买的彩票中，老李中奖了，一等奖一百万。老李看着满脸皱纹的老太婆，嘴里嘟囔着，说不出话来。晚上，全家人坐在一起，拿着那张小小的彩票激动不已，老妇人连晚饭都忘记了做。老李提议，全家人一起去隔壁餐馆吃吧，儿子叫好，老妇人笑着点头。在小餐馆里，老李一家人似乎还不习惯在餐馆吃东西，筷子都夹不起菜来，一顿饭吃了好久。

第二天，老李拿着彩票去兑奖了，摸着鼓鼓的腰包，他都不知道说什么好。全家人决定，把钱全部存银行，留着以后儿子上大学、出国用。老李夫妇还是在街边做那小摊生意，笑容似乎都没有变过，街坊邻居纷纷说："老李家根本没有中奖""是啊，要是中奖了，还会再卖烙饼吗""嗯，早搬到县城去了，哎，可怜的老李家"……偶尔有人问老李：你真的中奖了吗？老李既不否认也不承认，只是乐呵呵地笑着。

中奖、住别墅、开小轿车，这是多少人梦想中的事情啊，但这对于老李一家人来说，远远比不上一家人能够安安乐乐地吃一顿饭来得幸福。邻居们都住上了别墅，开上了小轿车，老李心中一点都不感觉到生气或愤怒，他从来都是笑呵呵的一张脸，坦然地面对着这个世界。虽然在贫穷的生活中多了一百万，但是，他们依然没有改变那种淡然的生活方式。老李夫妇依然在街边支着小摊，日子虽然拮据，他们却感受着简单而淳朴的幸福。

有时候，面对人生的一些际遇，我们要学会服气，放下心中的自怨自艾，以积极乐观的心态来面对每一天的生活，不要为一些不值得的事情而生气。

1.消减自己的欲望

在生活中，我们还需要有效地消减内心的欲望，不要总是什么东西都

梦想得到，正所谓“得之我幸，失之我命”，获得是一种幸运，我们应该为此感激；失去是一种宿命，我们也不应该去怨天尤人。只有以这样健康的心态，我们才能够坦然面对生活中的每一天。

2.淡然面对生活中的得与失

得到与失去，它们就如同一对孪生兄弟，有时候，我们真的没有必要去埋怨、计较得失，只要我们能常怀一颗乐观豁达的心，微笑着面对人生，这就足够了。不要总是不服气，试想，就算自己得到了全世界又能怎么样呢?

悲观的心境，会令自己更加焦虑

马克·吐温说：“世界上最奇怪的事情是，小小的烦恼，只要一开头，就会渐渐地变成比原来厉害无数倍的烦恼。”对于那些有着悲观心境的人来说，恰似心中长了一颗毒瘤，哪怕是生活中一点小小的烦恼，对他们来说，都是一种痛苦的煎熬。每天增加一点点不愉快，毒瘤在消极情绪的养分下不停地生长，直到有一天，毒瘤化脓，开始散发出阵阵恶臭，而他们已经被悲观所吞噬了。悲观，它是一种比较普遍的情绪，面对生活中诸多的不如意，每个人有可能都要悲观一下，然而，许多人尚未意识悲观的危害性。有的人甚至认为，悲观也没有大不了的，又不是抑郁症。可是，据心理学家观察，长时间的悲观心境，会让一个人感到失望，丧失其心智，人长期生活在阴影里，会慢慢变得气郁沉沉。所以，我们应该远离悲观的心境，调整自己的情绪，努力走出悲观的阴霾，做一个乐观积极的人。

有两位年轻人到同一家公司求职，经理把第一位求职者叫到办公室，问道：“你觉得你原来的公司怎么样？”求职者脸色满是阴郁，漫不经心

地回答说："唉，那里糟透了，同事们尔虞我诈，钩心斗角，我们部门的经理十分蛮横，总是欺压我们，整个公司都显得死气沉沉，在那里工作，我感到十分压抑，所以，我想换个理想的地方。"经理微笑着说："我们这里恐怕不是你理想的乐土。"于是，那位满面愁容的年轻人走了出去。

第二个求职者被问了同样一个问题，他却笑着回答："我们那里挺好的，同事们待人很热情，互相帮助，经理也平易近人，关心我们，整个公司气氛十分融洽，我在那里生活得十分愉快。如果不是想发挥我的特长，我还真不想离开那里。"经理笑吟吟地说："恭喜你，你被录取了。"

前者是悲观者，在他的生活中，天空始终笼罩着乌云，因此，他看什么人和事都是阴郁的，无论一份多么美好的生活摆在他面前，他都会认为"糟糕透了"；后者是典型的乐观者，阳光始终照射着他的生活，即使是再糟糕的生活，在他看来也是十分美好的。悲观者看不到未来和希望，所以，他遭遇了求职的失败，或许，在人生的道路上，还有更多的失败在等着他，除非他能够换一种心境。

1.战胜抑郁症，你也能成功

可能，谁也没有想到过，美国最著名的总统之一——林肯竟然曾是抑郁症患者。当时，林肯在患抑郁症期间，他曾说了这样一段感人肺腑的话："现在我成了世界上最可怜的人，如果我个人的感觉能平均分配到世界上每个家庭中，那么，这个世界将不再会有一张笑脸，我不知道自己能否好起来，我现在这样真是很无奈，对我来说，或者死去，或者好起来，别无他路。"幸运的是，最后，林肯战胜了抑郁症，成功地当选了美国的总统。

2.悲观心境是成功路上的绊脚石

对于每一个人来说，悲观的心境就像是漂浮在天空中的乌云，它遮住了生活的阳光，长时间下去，我们自己也会变得气郁沉沉。所以，远离悲观，放弃心中的怨气，让阳光照进生活中。事实上，悲观给我们生活所造

成的影响是巨大的，一个有着悲观心境的人，无论是生活还是工作，他都没有办法获得成功。甚至，那一种悲观的心境还会有意或无意地成为其成功路上的绊脚石。

无须讨好所有人，讨好自己更重要

心理学家认为：一个人若是遵从内心的感受，选择自己喜欢的生活方式，那么是感觉不到累的。那么，我们所感觉到的累是怎么回事呢？大多数人都有这样的经历：上学的时候，父母总是指着隔壁的孩子说："瞧瞧人家，成绩多优秀，你得向他看齐。"大学毕业了，父母长辈都说："还是当个老师，或者考考公务员，这才是铁碗饭，其他的都不是什么正当的工作。"工作的时候，上司总是告诉你这样不对，那样不对。我们生活的重点，似乎都是在讨好所有的人，而从来没有讨好过自己。事实上，我们要懂得这样一个道理：你不需要讨好所有的人，只有自己喜欢才是最重要的，因为，不会有任何人来分担你的烦恼、愤怒。

小资是一名歌手，以前，她也有过抱怨的时候，每次上节目，她都会抱怨："我太辛苦，实在受不了压力太大的生活。有时候，为了讨好歌迷、媒体，我一年发行两张专辑，但是，自己又想把工作做得更好，这样的工作量简直令我崩溃。"以前的工作时间安排得很紧，如果白天上通告作宣传，晚上，还要去录音棚完成下一张专辑的录制，这样的生活超出了小资可以承受的范围，每天，她都感觉很累，而心中的怨气却无处诉说。最后，在内心快要崩溃的时候，她选择了退出歌坛。

在四年的休息时间里，小资做自己喜欢的事情，她说："以前大家都是看我怎么变化，现在我是用自己的脚步来看大家的改变。虽然，现在我年纪大了，似乎变得老了一些，但是，年龄并不是我能掩盖的东西。我也

想永远年轻，但是同时懂得这就是时间给我的礼物。在我成长的过程中，我得到的最大一份礼物是不用费劲去证明，只需要做自己喜欢的东西，跟着自己的步伐。在以后的时间里，如果我能完全坚持自己的选择，那就是最好的生活。”或许，对于小资来说，她的年龄大了一些，但是，正是这样一个年龄，是一个不需要讨好任何人的时候。最近，小资复出了，在工作上，她已经与唱片公司达成了一致的观点，不需要拿任何事情炒作新闻，同时，不需要为了赢得名气而虚报唱片的销量，自己可以自由自在地唱歌，这是小资最喜欢的一种状态。

她这样告诉所有的媒体：“我不需要讨好所有的人，我只需要做自己喜欢的事情。”然而，就是这样一句话，令所有的媒体工作者既羡慕又嫉妒，因为，对于媒体工作者而言，他们的工作就是在讨好所有的人，乃至于不得不将自己的委屈和自尊放弃。每天，都有许多人为了人际交往、为了生存而讨好他人，他们在这样的过程中感到很累，甚至感到心力透支。到底是为了什么，我们需要对身边所有的人尽力讨好呢？

王娜是同事们公认的“老好人”，或者说，她是一个从来不唱反调的人，在任何时候，她的观点都与大家一样。在办公室里，一样东西，只要同事们都说“这个东西真的很好”，她就会随声附和“真的很好啊”；一件衣服，同事们都说漂亮，她也会表示同意“颜色十分均匀，款式也很新颖”；一份策划案，大家都说不错不错，她也会承认“设计比较独特，很不错”。于是，只要王娜在办公室，大家都喜欢问她的意见，虽然都知道她不会说一句反驳的话，但是，大家似乎养成了一种习惯，凡事都希望王娜能够说两句好听的话。这可给王娜带来了许多烦恼，每天，为了应付那些同事，她总是在说“好啊，这个好”“不错，不错”，即使心里面觉得这个东西真的不怎么样，为了赢得一份好人缘，以免得罪同事，王娜也会满脸笑容地说：“我觉得很不错。”

可是，每天回到家里，王娜就开始抱怨了：“真累！搞不懂那些同事

是什么欣赏眼光啊，明明那个东西没有什么用，偏偏宝贝得不得了；一件过了季的衣服，还说漂亮；策划案完全是抄袭网上的一篇文章，大家都称赞得不行了，为了应付他们，每天真的好累！”同屋的好友张莉笑着说：“既然累，干吗不做回自己，说自己喜欢的话，做自己喜欢的事情，干吗搞得自己这么累？我就从来不说违心话，得罪了他又怎么样？我还是照样工作。”王娜叹息着：“唉……”

对此，一个公认的“老好人”有一肚子苦水需要倒：“每天，我都觉得不是为自己生活，而是为别人活，为了讨好他们，我把自己喜欢的一切都放弃了，最后，他们还是不满意。白天，戴着微笑的面具，晚上回到家，没有人愿意分担我的烦恼。我感觉内心有股气，它在不断地积累、膨胀，我害怕有一天自己会崩溃。”在日常交际中，与他人建立良好融洽的关系是极其重要的，但是，不应该以放弃自己的喜好为代价，我们并不需要讨好所有的人，有时候，保持自己的个性，反而会令我们有意外的收获。

1.讨好别人，会丧失自己的生活

在公司，上司说这个方案不行，马上改成了上司喜欢的方案；挑剔的同事说，你今天的打扮好像不太和谐，第二天，就真的换了一套同事符合眼光的服饰；在家里，爸妈说，你新交的男朋友没有固定的工作，她就真的决定与男友分手，重新找了一个能让父母觉得满意的男朋友……在这个过程中，我们会发现，自己不过是在讨好身边的人而已，我们逐渐失去了自己的生活。

2.做别人眼中的自己，很累

有人抱怨：“每天活得好累，好像一刻都没有轻松过。”现代社会，越来越多的人开始抱怨自己“活”得很累，难道，每天的生活真的那么累吗？如果我们只是在努力做自己，怎么会感觉到累呢？

第8章

别跟自己较劲：卸下压力给自己松松气

生活中，来自各方面的重重压力会压得我们喘不过气来，这时候，人们容易情绪激动、变得愤怒，心中常常涌起一阵无名火。大量的事实证明，现代人似乎更容易生气，哪怕只是一件微不足道的事情，他们也会火冒三丈。而令他们自己感到疑惑的是，他们往往不知道“气”来自哪儿。其实，怨气的根源是“压力”。因此，不要总是跟自己较劲，卸下心中的压力，给自己松松气。

给自己的压力越大，往往“气”越多

一位公司白领这样说：“最近工作压力大，感觉自己脾气也越来越大，老想发火，尤其是每天回家坐地铁，十分拥挤，每次都会与站在身边的人发生冲突。我也不想这样，但是，那些怒气就是忍不住往外蹿。”在日常生活中，我们常常发现这样一些人容易生气：为生计奔波的小贩，高企工作的白领精英，女老板等。可能，从表面上看，他们似乎并没有共同点，但是，如果我们仔细观察，就会发现，在他们身上有一个显著的特点：压力比较大。无论是生存压力，还是工作压力，对一个人的情绪都是有着重要影响的，一旦压力来袭，情绪就会恶劣，容易生气、烦躁，似乎看什么事情都不顺眼。内心的情绪若积压过久，就会总想痛快地发泄一番。因此，那些给自己压力越多的人，他们心中的“怨气”往往越多。

据一项社会调查发现，那些生活、工作条件良好，受过较高程度教育的城市人，他们对生活的满意度远远不如农村人，来自生活和工作的压力让他们的生活质量大打折扣。近些年来，城市人的脾气似乎越来越大，他们常常感到紧张、焦虑，容易愤怒，甚至在悲观时有自杀解脱压力的念头。其实，城市人工作的体力强度、时间都少于农村人，而且城市人更注重健康的生活方式，但是，城市人的精神状况显著差于农村人。同时，在调查中，个人工作稳定、收入有保障被列为城市人平日最关心的问题，对工作的极度关注使得许多城市人明显觉得工作压力影响到了个人健康。另

外，城市的快速发展和工作的快节奏让许多城市人觉得自己似乎有点力不从心，60%左右的城市人对自己工作状况并不满意，同时，来自家庭以及婚姻的压力也会让他们感到焦头烂额。

最近，小月代表公司接待了一个大客户，第一次见面会谈，小月就感觉这个客户太挑剔，不仅要求策划案完全按照他们的思路进行，而且，严格要求了每一个细节。回到公司，小月忍不住向老板抱怨："这个客户太挑剔了，一个企划案竟有那么多的要求。"老板收起了满面笑容，板着脸说："小月，你总是嫌这个客户不行，那个客户不行，这怎么能谈成业务？这一次，你务必要拿下这个大客户，否则，你就直接到销售部报道吧。"说完，老板就头也不回地走了，剩下满脸苦恼的小月。

按照客户的要求，小月拟写了企划案，而且检查了三遍，然后才交给客户，谁料，在会谈中，客户表示："这里还有几个小问题，你需要改改，为了美观，你最好重新写一份。"小月呆住了——重新写一份？之前自己可是花了一个星期！客户似乎看出了小月的心思："不好意思，不过，我们可以宽限时间，再等你一个星期。"告别了客户，小月几乎是一路发着飙回来的。遇到一个出租车司机，因为司机没有听清楚小月报的地址，小月十分生气："你的耳朵干什么用的？老娘今天真是倒霉，遇到你这样一个傻傻的司机。"司机没有吱声，似乎对这样的乘客已经习惯了。就连进入公司大楼前，那个保安多看了小月一眼，小月也毫不客气地说："看什么看，不认识啊！"小月感到心中有个东西在不断膨胀，眼看就要爆炸了。

每天，我们都面临着诸多压力，有可能是事业不顺而造成的工作压力，有可能是感情不顺而造成的感情压力，还有可能是家庭不和谐而造成的家庭压力，对此，心理学家把这些压力统称为"社会压力"。社会压力对于一个人来说，将直接转换成心理压力、思想负担，久而久之，就会成为心结。如果这种压力长久以来得不到有效释放，就会越积越多，并产生

出巨大的能量，最终，它会像一座火山一样爆发出来，导致的结果是，人的情绪大变，总感觉自己活得太累，每天都不开心，脾气越来越坏，甚至，有严重者精神崩溃，做出傻事。面对巨大的社会压力和心理压力，最重要的是自我调节、自我释放，当然，有合理而适度的压力，不但不是一件坏事，反而是一件好事。

生活应该像高压锅一样，当压力不够时就聚集压力，让压力变成“煮饭”的动力；当压力过高时，就自动释放压力，这样压力就不会对我们造成伤害。那么，如何来缓解社会压力和心理压力呢?

1.养成良好的作息习惯，营造良好的睡眠环境

在平日生活中，我们需要养成按时入睡和起床的良好习惯，稳定的睡眠，可以避免引起大脑皮层细胞的过度疲劳；注意调节卧室里的温度，睡眠环境的温度要适中；在卧室内可以使用一些温和的色彩搭配，这样，我们就能够在一个良好的环境中放松心情，顺利进入睡眠环节，并保证良好的睡眠质量。

2.放松精神，舒缓压力

我们需要缓解自身的压力，比如，在睡前可以进行适量的运动，听听音乐，或者是以头部按摩运动来缓解压力；也可以进行短距离的散步；还可以在睡觉前播放一些轻柔的乐曲；在入睡前按摩头部、面部、耳后、脖子等部位，这样可以使身心放松下来，舒缓白天的疲劳。

3.给自己的压力要适当

心理学家建议：适当的压力有助于我们激发更强的斗志，但是，正如任何事情都有一定的度，压力过大就会影响到正常的情绪。因此，在日常生活中，我们要给自己适当的压力，只要不是太糟糕的事情，我们就应该学会忘记，这样一来，那些琐碎的小事就影响不到我们了。

放松自己，有效释放心理压力

一位朋友这些天正在学习弹琴，由于基本功不太扎实，他练起琴来很费力，尽管自己付出了许多辛勤的汗水，可是，就是不见效果。但是，他心里又极度渴望自己能够在琴技方面有所突破，于是，他每天强迫自己练琴四个小时。这样时间长了，他变得更加焦虑，心理上把练琴当成了一种压力，他常常烦躁地问老师："我是不是练不好了""我还能行吗""怎么练都不见效果，我干脆还是不练习了吧""难道我就这么放弃了吗"。老师听了，只是微微一笑："你不要自己到处惹气生，放松自己，缓解心中的压力，卸下负担，这样，心情好了，琴艺自然会有所进步。"过了不久，朋友的琴艺真的进步了，而之前弥漫在脸上的阴霾已经消失得无影无踪。

在生活中，如果把任何事情都当成一种负担，我们就有可能生活在压力、痛苦、烦躁和苦闷之中。我们应该试着把一件事情仅仅当成一种习惯，因为习惯能让一个人在潜移默化、不知不觉中成为自己梦想的那个人。一个人若是背着负担走路，那么，再平坦的路也会让他感到身心疲惫，最终，他会因为不堪生活的压力而走向不归路。但是，如果我们能平复心境，试着把那些沉重的负担当成一种习惯，用轻松、淡然的心态去看待问题，心境便会变得澄明，所有的压力便会缓解，那负担也许会变成一种精神上的享受。

小伟是一个典型的上班族，最近，他似乎感觉自己陷入了"情绪周期"。每周，从周一到周末，自己的情绪都处于一个相当不安稳的状态，满是烦躁、苦闷，他也不知道这是怎么了。

周一。一大早，小伟就尽力克制自己不想起床的欲望，躺在床上，他就在想今天又要开会，接受新的工作任务，总结上周的工作。如果自己在上周工作中出了小错，这一天就感觉格外有压力。有时候，在路上碰到塞

车、堵车、有人横穿马路等情况，小伟都忍不住怒骂两声，似乎这样可以消减一下内心的苦闷。

周二。小伟觉得周一是一个过渡时间，到了周二，自己就必须面对现实和工作了。面临着繁重的工作，小伟感到焦头烂额，甚至，有时候还会牺牲午休时间来抓紧时间工作。

周三。每到周三，小伟都是冷着一张脸，陷入情绪最低沉的一天。似乎上个周末与女朋友一起玩乐的场景早在忙碌的工作中忘得一干二净，想到离周末还有漫长的两天，小伟就感觉心瞬间沉入了谷底。

周四。或许是由于前几天的累积，这一天坏情绪达到了巅峰，不仅工作效率很低，而且感觉十分疲惫。小伟感觉这几天积累的坏脾气几乎都要在这一天爆发了，如果在这一天受到了主管的责骂，小伟一点也不感觉奇怪，似乎每个人都喜欢在这一天发脾气。

周五。小伟觉得，对于自己来说，可能周五才是比较轻松的一天，想到周末马上就来了，工作效率也变得很高，心情变得十分轻松愉快，即使是面对同事的一句挖苦、玩笑，小伟也“大度”地不予计较。

周末。小伟通常的周末安排：周六疯狂地玩一天，周日休息。可是，在周日，小伟的情绪又陷入了焦虑、烦躁中，想到下周的工作，心情会越来越烦躁，周日晚上甚至还会失眠。对此，小伟想大喊一声：“一周的时间，怎么就不能给自己一份好心情呢？”

小伟只是无数的上班族中的一个代表，在现代社会，越来越多的上班族意识到自己正在陷入“情绪周期”中，在一周的时间内，他们的情绪变化与小伟的情绪变化没有两样。即使有时候他们明白生气也不能解决任何问题，在内心的压力下，他们就是忍不住，而且，情绪的时好时坏已经严重地影响到他们正常的生活和工作。对此，心理学家向我们支招，告诉我们如何放松自己，缓解心理压力。

1.星期一综合症

越来越多的人开始陷入“星期一综合症”中，早上一起床，他们就处于一种厌烦、懒惰、健忘、精力不集中的状态中。据德国的相关调查，得出了这样一个结论：80%的人在周一起床后就会情绪低落。另外，许多公司习惯于将重要的决断和新的工作计划安排在星期一，这在一定程度上给上班族带来了巨大的压力。对此，心理学家建议：想让自己不再抗拒上班，早起比较重要，因为紧张感和时间有密切的关系，早起可以有充裕的时间，这不仅能减少内心的焦虑感，还能有时间去吃一份减压早餐，比如鲜奶、鸡蛋、牛肉和香蕉等，这可以让人产生一种满足感和轻松感。

2.有效的意象训练

对于许多人来说，可能周一还没有正式进入工作状态，但是，到了周二，自己就不得不面对现实。据最近的一项研究表示：周二上午10点是一周中工作压力的最大峰值，人们会感觉焦头烂额。而且，许多人在这一天会放弃午休时间，抓紧时间工作。对此，心理学家建议：在压力最大的时候，可以作一个意象训练，找一个比较安静的地方，闭上眼睛，做深呼吸，想象自己在坐电梯，慢慢开始数，这样可以有效地缓解心理上的压力，平复情绪。

3.微笑

心理学家证实了人们这样一个猜想：周三是人们一周中的情绪最低点，也是人们接受信息最多、感觉负担最重的时刻。在这一天，最有效的缓解压力的办法就是微笑，想办法让自己笑，比如看看笑话、回忆过去美好的事情等。这些都能够帮助自己平复内心烦躁不安的情绪，调整心理，尽快回归到一种正常的情绪中。

4.“黎明前的黑暗”

有人将周四称为“黎明前的黑暗”，这一天不仅是工作效率最低的一天，同时，也是人们疲惫感最强、心情最烦躁的一天。似乎几天以来积

累的坏脾气将要在这一天爆发，人们总是感觉什么都不对劲，环境特别杂乱，身边的人特别烦，这一切都让人透不过气来。心理学家建议：为了驱赶黑暗，应该将灯光调到最亮，这会让人的心情变得平稳、快乐。

5.“周末上班焦虑症”

许多人在周末快要结束的时候，就开始陷入对下周工作的焦虑中，结果，越想越烦躁。对此，心理学家建议：可以给大脑设一个开关，该休息的时候就合理休息，该工作的时候就要全力以赴，不要去想下周工作的事情。如果实在不放心，可以在周末拿出一个小时想想下周的工作计划，这样，焦虑的心情就会平静下来。

适当的压力能让自己更有活力

曾在一本书上看到这样一段话：“人的一生中都会面临两种选择，一是改变环境去适应自己，二是改变自己去适应环境。既然压力是已经存在的，根本无法彻底消除，那我们何不积极地改变自己，正确引导各种压力成为自己前进的动力呢？”在现代社会，几乎每一个人都有压力，其实，适当的压力对我们自身是十分有益的。一个人的潜力究竟有多大，我想大多数人都不清楚，对此，科学家指出：人的能力有90%以上处于休眠状态，没有被开发出来。是的，如果一个人没有动力，没有磨炼，没有正确的选择，那么，积聚在他身上的潜能就不能被激发出来，而压力会给他这样的动力。所以，适当的压力不仅能激发出一个人无限的潜能，还能够带给他许多快乐。

在日常生活中，来自各方面的压力使我们感到很累，好像生活被一个巨大、无形的网笼罩着，这令我们做任何一件事情都感到力不从心。于是，在强大的心理压力下，我们常常会幻想享受那种无忧无虑、不知忧愁

是什么的生活。事实上，没有压力的生活是不可能快乐的，它只会令人感到烦闷、无聊，这样的生活状态久了，人会感觉自己在堕落，从而丧失对生命的追求。另外，生活在现代化的社会中，我们无论如何都避不开压力：学生时代，我们所承受的是各种考试的压力；工作时期，有着上司的要求，家人的期许，自己内心的苛求等，这些压力都是无法避免的。既然无法避免那些潜在的压力，何不把压力当作生活的调剂品呢?

她是一位典型的家庭主妇，老公做汽车运输生意，生意十分红火，她的事业就是“相夫教子”。每天，她除了煮饭就是洗衣服，除了逛街就是打扫清洁，甚至连两个孩子的学习都不用她操心，因为请了家庭教师。生活如此惬意，她也常常受到许多人的羡慕：“你真有福气啊！老公有本事，孩子聪明伶俐，你年纪轻轻就过上了富太太的生活，哎，真羡慕你，哪像我，还要考虑这样，担心那样，像你没有压力真好。”刚开始，她也会推辞几句：“哪里，哪里。”时间长了，她也会疑惑：难道自己真的如他们想象般快乐吗？以前孩子还小的时候，还可以陪在她身边，现在老公长时间在外面谈生意，孩子也上学了，家里就剩下了自己一个人，尽管没有金钱的压力，没有生存的压力，但是，她总是感觉生活很无聊，心里烦闷，几乎已经远离了久违的快乐，这是为什么呢?

一位留学英国的朋友回国，向同学们讲述了自己在国外的生活：“刚开始，我在国外的时候，由于自己英文很烂，害怕出糗，整天就把自己关在屋里，看书、上网、看电影，这样的生活状态整整维持了一个月，就让我崩溃了，我开始想：自己是否应该干点什么？”后来，她去了国家应用科学院求学，刚开始的时候，老师讲课自己一半都听不懂，而且，老师讲课没有教材，只能靠自己做笔记，压力非常大。当时，她想，自己只要及格就行了，没有必要追求名列前茅。于是，每天，她都会借同学的笔记来抄，然后，就跟自己的男朋友一起出去约会。

临近考试的时候，她才开始“抱佛脚”，背诵笔记，每天只睡三个

小时，第一次考试，她及格了。虽然自己的分数并不是很高，但令她高兴的是老师给全班同学发了一封邮件，在信里，老师这样说：“这次考试，我以为出的题目比较难，但是，令我没有想到的是，班里的三个留学生考得还不错，希望你们继续努力。”老师的鼓励令她受到了鼓舞，她开始认真听课，成绩也越来越靠前。到了第二年，她的成绩就排在了全班第一，这样的成绩不仅令同学感到惊叹，连她自己都觉得不可思议。最后，她这样说道：“在国外求学的经历堪称跌宕起伏，但是，我并不觉得有什么不好，这些所谓的挫折与困难，让我学会了承受，让我赢得了最后的胜利。我们的生活需要适当的压力，压力教会了我们什么是坚持，最重要的是，让我远离了那种无聊、烦闷的生活，而重新拾起了久违的快乐。”

有时候，适当的压力并不算什么，当你坚持下去，你就会发现已经没有多少压力了，所有的压力都会在行动中找到发泄的途径。只要我们能够坚定地走下去，全力以赴，终将赢得自信，我们会知道自己能够做得更好，从而走向成功。当然，只有适度的压力才是最有效的，如果压力过大或根本没有压力，那么我们不会快乐起来，也不能赢得最后的胜利。也许，有人会问，什么是适当的压力？适当的压力，就是指时间不长、刺激不大、能让人最终有成就感的压力。所以，我们应随时让自己拥有适当的压力，舒缓过大的压力，从而远离无聊、烦躁的心境，重新追逐生活的快乐。

用开怀大笑，败一败自己的火气

心理学家说：“健康的开怀大笑是消除精神压力的最佳方法之一，同时，也是一种愉快的发泄方式。”当压力来临，或者遇到了烦心的事情时，我们应该忘记心中的忧虑，开怀大笑，败一败自己的火气。笑完

了，心中的怒气也就消失了，愤怒的情绪也回归到正常状态。我们常说“笑一笑，十年少”，在西方也流传着这样一句谚语：“开怀大笑是剂良药。”笑对一个人身心的益处，得到了中西方医学专家的普遍认可。美国心理学家史蒂夫·威尔逊是“世界欢笑旅行”组织的创始人，他这样阐述“笑”：“笑很简单，它是人类与生俱来的本领，笑也很复杂，蕴含着许多人们可能从来没听说过的学问。”对此，威尔逊对笑进行了多年的研究，他号召人们用笑赶走烦恼、焦虑。所以，当心中的无名火涌起时，尽情地大笑吧，这样能助你调节情绪，平复心境。

芬兰科学家通过多项实验和调查发现，人一生下来就会笑。简单地说，人不需要学习就能发出笑声，刚出生的孩子就会在睡梦中微笑。但是，诸如悲伤、烦恼等负面情绪，以及表达负面情绪的愤怒、哭泣，则需要通过亲身体验，慢慢学习而来。另外，相对于心中忧虑而引起的皱眉来说，笑调动的肌肉数量更少、用力也要小一些。既然绽放笑容如此简单，为什么不少一点烦恼、愤怒，而多一些开心的笑呢？有一位智者很喜欢大笑，而且，通常是在嗔怒时大笑，弟子感到不解：“既然这么生气，为什么选择笑呢？”智者这样回答：“因为大笑可以帮我赶走内心的怒气，即使是我强迫自己大笑，也能够达到这样的作用，所以，既然笑能有如此的作用，我又何苦选择生气呢？”

卢刚大学毕业后，就进入了一家大公司，不过，拿着名牌大学的毕业证，他却在办公室里当了一名普通的文员，这令卢刚十分苦恼，心中常常为此愤愤不平。另外，卢刚不太善于表现自己，内心有着强烈的自卑感，使得自己的才能无法施展开来。过了一段时间后，卢刚觉得生活压力越来越大，整个人都没有精神，莫名其妙地失眠了。卢刚觉得自己心理有了问题，在一个星期天，他走进了一家心理咨询中心。面对医生，卢刚倾诉了心中的苦闷，不过，医生并没有给卢刚任何的劝导，而是提出一个小小的要求：“每天早晨起床后，什么都不要干，先对着镜子里的自己笑一

下，在一天的工作中，如果感到苦闷了，就找个安静的地方，开怀大笑一番。”卢刚半信半疑，但还是决定照心理医生的话去做。

一个星期过去了，卢刚又去了医院，医生问他：“感觉怎么样？情况是否有所改观？”卢刚感慨地说：“真没想到，这个办法真的很灵验。”原来，刚开始照镜子的时候，卢刚被自己的样子吓了一跳：眉头紧皱，满脸沮丧，活脱脱一张苦瓜脸。虽然以前卢刚也会对着镜子剃须、洗脸之类的，但那时都是面无表情，卢刚意识到自己好久没有认真地审视过自己了。卢刚想着以前自己是一个快乐的小男孩，记得自己以前也是喜欢笑的，可是，当他第一次对自己微笑的时候，却发现笑容变得十分僵硬。后来，卢刚开始每天对镜子里的自己笑，他又在镜子里看到了一个快乐的自己，感到浑身充满了力量。

卢刚有些疑惑地问医生：“请问这是什么道理呢？”医生笑着说：“笑赶走了你内心的怨气和忧虑，为你带来了自信和快乐，因此，你的生活和工作都有了较大的变化。”听了医生的话，卢刚恍然大悟，从这以后，在办公室里，同事们经常能听到卢刚那爽朗的笑声。

事实上，现代人笑得越来越少了，我们要想做到笑口常开，就需要自己有意识地作一些努力。我们可以试着培养这样一些习惯：每天起来，对着镜子给自己一个笑容；遇到匆匆而过的行人，尽量给对方一个笑容；如果平时不怎么喜欢笑，可以多观看一些喜剧片或笑话；强迫自己笑，慢慢地，笑就会变成一种习惯。

美国马里兰大学医学院迈克尔·米勒教授说：“大笑可以提高内啡肽水平、强化免疫系统、增加血管中的氧气含量。”对此，有关心理专家认为，健康的开怀大笑有以下六个好处。

1.燃烧卡路里，帮助保持身材

德国研究人员发现，大笑10～15分钟可以增加能量的消耗，使人心跳加速，并燃烧人体一定能量的卡路里，所以，大笑是保持身材苗条的最佳

方式。

2.增加自身免疫力

大笑能够使一个人体内的白血球增加，促进体内的抗体循环，这些都能增强免疫能力，对抗病菌。同时，大笑还有助于血液循环，加快新陈代谢，使人更加有活力。

3.减少心脏病发生的机会

研究显示，那些喜欢大笑的人患心血管疾病的几率比较低，因为笑能够使人们的血液循环更好，血液的流通则可以有效避免有害物质的积聚，这样就减少了对血管的威胁，因此，笑可以使一个人的心脏更强壮。

4.能够为你带来好运气

一个喜欢笑的人，他的运气一定不会太差。因为笑容可以让一个人看起来更有魅力，更自信，同时，还能够促进自我价值感的上升，有助于帮助人们克服困难。

5.笑是特效止痛剂

笑容是最自然、最不具副作用的止痛剂。当一个人大笑的时候，脑中的快乐激素就会释出，这能够缓和人体的各种疼痛。因此，一些患病的人会经常微笑，因为这可以减轻他们的病情。

6.能够赶走压力，消除负面情绪

当一个人大笑的时候，身体会立即释放内啡肽，从而赶走压力，驱走内心的负面情绪，释放压力。即使是强迫自己大笑，也会产生同样的效果。

当然，我们所需要的是健康的开怀大笑，所以高血压患者应该尽量避免大笑，否则会引起血压上升、脑溢血等症状；正处于恢复期的患者也要避免大笑，因为这有可能使病情发作；还有，当一个人在吃东西或饮水的时候，也不要大笑，以免食物和水进入气管，导致剧烈咳嗽，甚至窒息。当自己有了巨大的心理压力，或者内心郁积着负面情绪时，不要跟自己较

劲，不妨选择健康的开怀大笑吧！

选择一种好的方式，释放内心的压力

缓解内心压力、发泄负面情绪的方法有很多，如看电影、听音乐这样既轻松又恰当的方式。那些轻松、畅快的音乐不仅能给人带来美的熏陶和享受，还能够使人的精神得到放松，所以，当你在紧张、烦闷的时候，不妨多听听音乐，让优美的音乐来化解你精神上的压力和内心的苦闷。和音乐有着相同“疗效”的还有电影，曾经有位朋友这样说：“每次心里感到苦闷的时候，我就看周星驰的《唐伯虎点秋香》，边看边笑，到现在为止，我已经记不清楚自己看了多少遍了。”足以见得，电影所能带给我们的轻松心境。其实，音乐和电影有一个共同的特点，它们都是艺术。当你被负面情绪所困扰，感到精神压力巨大的时候，不妨把自己置身于艺术的境界中，卸下心中的负担，这时，你会发现，自己感受到一种前所未有的轻松。畅游在艺术的殿堂里，你忘记了烦恼，心绪变得平静，心境变得宁静，那些压力、愤怒都在这样的心境中慢慢释放，最终，你的心回归到一种平静之中。

音乐和电影正在逐渐成为许多人发泄情绪、释放压力的方式，有了音乐和电影，就算一个人待在黑暗中也会感到安全，感到充实。曾遇到过一位信奉基督教的朋友，她这样讲述自己的经历：“最近老是被烦心事困扰，心变得敏感而细腻，那天，回到住的地方，居然发现自己没有带钥匙，同住的朋友还没有回来，一个人站在空旷的过道里，除了恐惧，还有一点对朋友的憎恨。有趣的是，那天我正好带了《圣经》，无聊之余，我翻开了《圣经》，借着灯光朗读起来，还唱起了圣歌。后来，我朋友回来了，这时，我心里已经回归了平静，不再抱怨，也不再生气。”音乐所带

给我们的除了愉快，还有一份灵魂的寄托。

当然，音乐也需要我们有选择性地去听，烦闷、愤怒时人们都更倾向于听自己最喜欢的歌曲，其中，轻音乐是最好的一个选择，因为，它不像摇滚乐那样刺耳、嘈杂，更适合安抚烦躁的情绪、心境。

轻音乐可以营造温馨浪漫的情调，带有休闲性质，因此又得名“情调音乐”。它起源于一战后的英国，在20世纪中期达到了鼎盛，在20世纪末期逐渐被新纪元音乐所取代，并影响至今。班得瑞是轻音乐中的经典乐队之一，曾有人说班得瑞是“来自瑞士一尘不染的音符”。“班得瑞”来自瑞士，它是由一群年轻作曲家、演奏家及音源采样工程师所组成的一个乐团，在1990年红遍欧洲。“班得瑞”不喜欢在媒体面前曝光，他们喜欢深居在阿尔卑斯山林中，清新的自然山野给班得瑞乐团带来了源源不绝的创作灵感，也使他们的音乐拥有最自然脱俗的音乐风格。

当你轻轻地闭上眼睛，听着班得瑞那一尘不染的天籁之音，你就会发现那些不沾尘埃的音符一个个静静地流淌着，带走了一直压在你心中的忧虑，让你的心灵在水晶般的音符里沉浸、漂净。清新迷人的大自然风格，返璞归真的天籁，如香汤沐浴，纾解胸中沉积不散的苦闷，扫除心中许久以来的阴霾，让你忘记忧伤，身心自由自在。

在充满竞争的现代社会，每个人都会或多或少地遇到一些压力。可是，压力既然会成为我们前进的阻力，自然也可以变成动力，很多时候，就着我们如何去面对。这个社会是不断进步的，人在其中不进则退，所以，在遇到压力的时候，最有效的办法就是缓解压力，如果暂时承受不了，就不要让自己陷入其中。我们可以通过看电影、听音乐，让自己紧张的心情渐渐放松下来，再重新去面对，这时，你往往会发现压力并没有那么大。

除了采取听音乐、看电影这样的具体方式，我们还需要调整好心态。

1.以积极的心态来面对压力

有的人总是喜欢把别人的压力放在自己身上，比如，看到同事晋升了，朋友发财了，自己总会愤愤不平：为什么会这样呢？怎么就不是我呢？其实，做任何事情，只要自己尽力就行了，与其让自己无谓地烦恼，不如以积极心态来面对生活，努力调整情绪，让自己的生活更加丰富多彩。

2.解开心结

人们在社会生活中的行为像极了一只小虫子，他们身上背负着“名利权”，因为贪求太多，把负担一件件挂在自己身上，不舍得放弃。假如我们能够学会放弃，轻装上阵，善待自己，凡事不跟自己较劲，那么，我们的压力自然就能得到缓解。

3.转移压力

面对生活的诸多压力，转移是一个最好的办法，当压力变得太沉重时，我们就不要去想它，而应把注意力转移到让自己轻松快乐的事情上来。当自己的心态调整到平和以后，就不会再害怕眼前的压力了。

4.感激压力

人生不可能没有压力，若是没有压力，我们的人生就无法进步，没有压力，我们的生活或许就变了模样。因此，当我们尽情享受生活的乐趣时，应该对当初困扰我们的压力心存一份感激，正是因为有了压力，我们才能走得更远。

炎热夏季，警惕“情绪中暑”

炎热的夏季让一个词汇流行起来，那就是人们常说的“情绪中暑”。什么叫情绪中暑呢？科学给予了这样的定义：当气温超过了35℃、日照超过12小时、湿度高于80%，气象条件对人体下丘脑的情绪调节中枢有着明

显的影响，人们容易情绪失控，频繁发生摩擦或争执的现象，这被称为“情绪中暑”，或者叫“夏季情感障碍综合征”。随着天气越来越热，人们的脾气也会越来越坏，常常因为一件小事就和他人发生口角；有了一点点响动，就变得神经紧张。心理学家说：“每年到了夏天，因为情绪中暑前来问诊的人往往超过上千人，因情绪中暑入院的市民约占各大医院门诊数的5%，因此，情绪中暑已经成为夏季常见病之一。”对此，随着夏季高温的到来，我们应该警惕“情绪中暑”。

随着炎炎夏日的到来，似乎在一夜之间，所有的人都成了争吵的导火索。天气炎热，让我们感到不适的，不仅是气温，还有我们那随着气温而不断恶劣的坏脾气。王先生最近几天比较闹心，那天，他开车去上班，结果行驶到半路就和一个面包车司机吵了一架，后来回忆这件事，王先生说：“当时，道路有点堵，本来我的心里已经很烦了，可后面那个面包车驾驶员还一直按喇叭。”紧接着，他先后和五名不同车辆的司机发生争吵。晚上回到家，王先生心里觉得很委屈，对着沙发就是一顿暴打。事实上，在炎热夏季，像这样的事情简直是举不胜数。

小曼是一家广告公司的设计师，周末本来可以在家吹吹空调，好好休息一天的，可是，她却被告知临时去公司加班。

那天，天气十分炎热，小曼走到公司时已经满头大汗，刚刚坐下，就接到了客户打来的电话。正在小曼与客户进行沟通的时候，上司又打电话来，原来，客户与上司的意见有了分歧，小曼感觉自己就快爆炸了，心中涌起一阵无名火。当时，小曼莫名其妙地生气了，脑中一片空白，怒气之下，小曼拿起椅子就朝着电脑显示器砸，在场的同事们都惊呆了。后来，小曼向公司赔偿了600元，还请了两天假，安心在家休息，调整情绪。

一个人的情绪与外界有着极为密切的关系，尤其在夏天，一旦遇到了持续高温天气，人们的情绪也会随之发生变化。一般情况下，低温环境利于人的情绪稳定，一旦气温上升的幅度比较大，人的情绪就会产生大的

波动。这不仅会给人带来身体上的不适应，还会对人们的心理和情绪造成负面影响。据统计，约有16%的人在夏季会发生“情绪中暑”。“情绪中暑”主要表现为：情绪烦躁，经常因为琐碎的小事情而对家人或朋友发火，自己也感到心烦意乱，不能静下心来思考问题；情绪低落，对任何事情都厌倦，觉得生活没意思，对身边的人缺乏热情；行为比较古怪，常常会固执地重复一些行为活动。

下面我们来做个小测试，看你是否情绪中暑了，如果你符合下列情形中五种以上，那么，我们将怀着无比同情的心理告诉你，你已经在“情绪中暑”的边缘了。

1.无论事情大小都会浮想联翩，很久都不能释怀。

2.想做一件事情的时候，却很难集中注意力。

3.即使是他人的一句轻言细语，自己也会觉得十分嘈杂。

4.做事时常感觉茫然失措，决断困难，效率十分低下。

5.对某些事物或环境感到十分害怕，极力逃避，但同时，又觉得自己的行为十分荒唐。

6.即使是很小的一件事情，也会发很大的脾气。

7.对什么事情都不感兴趣。

8.面对未来，感到一片茫然。

9.容易疲倦，感觉浑身无力，没有胃口，晚上经常失眠。

10.心中反复出现许多念头，虽然知道这是多余的，却难以自拔。

11.时常感到头痛、腰痛、颈痛等身体的不适。

那么，如何应对情绪中暑呢？造成情绪中暑的原因，主要是人体对环境的适应能力差，因此，在炎热的夏季，我们应该尽可能增加休息时间，注意饮食的调整，增加营养。另外，最关键的就是进行自我调节，比如，调整休息时间，及时补充水分，多食用开胃的东西，这样都有利于调整自己的情绪。对此，心理学家给了我们如下的建议。

1.多吃败火的食物

在日常的生活中，需要多食用清火的食物，多喝一些清火饮料，比如，新鲜蔬菜、水果、绿茶、啤酒、菊花露等。

2.少外出

在炎热季节，没有特别的事情应该减少外出的次数。当然，在室内休息的话，需要保持室内通风，以散去人体周围的热气，从而减少空气污染，保持身心“凉快”。

3.情绪转移

炎热夏季，如果遇到了不顺心或令人生气的事情，不要去理它，暂时冷静下来，听听音乐，或者做10分钟的“心情放松操”。

4.养成良好的作息习惯

每天，养成早睡早起和午休的习惯，保持充足的睡眠，这样才有足够的精力来应对生活以及工作。

5.保持乐观积极的心态

在平日的生活中，尽量保持平和、快乐的心态，以解热消暑、消除心中疲劳。若是感觉心烦气躁，可以通过自己的方式去发泄，比如大吃一顿、找朋友聊天等方式发，以泄心中的怨气。

没有糟糕的环境，只有糟糕的心境

爱默生曾说：“一个人如果缺乏了热情，那是不可能有所建树的。热情像糨糊一样，可让你在艰难困苦的环境里紧紧地粘在这里，坚持到底。它是在别人说你‘不行’时，发自内心的有力声音——‘我行’。”在这个世界上，没有糟糕的环境，只有糟糕的心境。一个人若拥有了糟糕的心境，即使他处于多么顺利的环境中，也会感到苦闷；一个人若是拥有一份

热忱、乐观的心境，那么，不管他处于怎样恶劣的环境中，依然可以过得快乐、幸福。其实，那些心中充满抱怨的人，是自己跟自己较劲，他们既没有办法接受，又失去了改变的能力，即使自己的处境再糟糕又能怎么样，抱怨能改变什么吗？既然不能改变环境，何不改变自己的心境呢？

亚伯拉罕·林肯在一次竞选参议员失败后这样说道：“此路艰辛而泥泞，我一只脚滑了一下，另一只脚也因而站不稳；但我缓口气，告诉自己‘这不过是滑一跤，并不是死去而爬不起来’。”其实，阻碍我们前行的并不是糟糕的环境，而是我们内心那份早已经发霉的糟糕心境。只要拥有良好的心态，持之以恒地做下去，就能取得最后的成功，这样，我们就能够在糟糕的环境中坚定地走下去。

一位将军去沙漠参加军事演习，妻子塞尔玛需要随军驻扎在陆军基地里。沙漠干燥高热的气候，令塞尔玛感到很难受，而她身边又没有可以倾诉的人，陷于孤独的塞尔玛经常给父亲写信，在信中透露出自己想回家的强烈愿望。然而，拆开父亲的回信，只有短短的两行字：“两个人从牢中的铁窗望出去，一个看到泥土，一个却看到了星星。”父亲的回信令塞尔玛十分惭愧，她决定要在沙漠里寻找星星。

从此以后，塞尔玛开始与当地人交朋友，彼此之间互相赠送礼品，闲来无事，她开始研究沙漠里的仙人掌、海螺壳。慢慢地，她迷上了这里，通过亲身的经历，她写了一本《快乐的城堡》。

沙漠并没有改变，当地的印第安人也没有改变，那么，到底是什么使塞尔玛的生活发生了巨大的变化呢？心态，当然是心态，以前有着糟糕心境的塞尔玛看到的只是泥土，当心态发生变化之后，乐观的塞尔玛在沙漠里寻找到了星星。塞尔玛的故事告诉我们：在这个世界上，根本没有糟糕的环境，有的只是糟糕的心境。当你感到自己变得苦闷或烦躁的时候，不妨试着回想一下，那苦闷、烦躁的根源是否在于自己拥有了一份糟糕的心境呢？如果答案是肯定的，那么，尝试着改变自己的心态，放弃糟糕的心

境，重新以乐观积极的心态去面对生活，你会惊讶地发现，这个环境似乎并没有想象中那么糟糕。

乔丽是报社的一名记者，最近她接到了一份特殊的采访任务。当她拿到被采访者的资料时，不禁有些难过，这是一个怎样的女人：丈夫早些年得了重病去世了，欠下了大笔的债务；家里有两个孩子，而且有一个是残疾人；女人在一家小型的工厂里当一名女工，微薄的薪水养着整个家，还需要还债。乔丽一下午都坐在家里，想着：那个女人的家里会是什么样子？女人和孩子都蓬头垢面，满脸悲苦，又黑又潮的小屋里没有一点鲜活的色彩……自己去了，也许只能听到不断的哭诉。

那个周末，乔丽满怀深情，按照地址找到了那个女人居住的地方。当她站在门口时，有些不敢相信自己的眼睛，她甚至怀疑自己找错了地方，于是又向女主人核实了一遍。确认无误之后，她又开始重新打量这个家：整个屋子干干净净，有用纸做的漂亮门帘，墙上还贴着孩子上学获得的奖状，灶台上只放着油盐两种调味品，罐子却擦得干干净净，女人脸上的笑容就像她的房间一样明朗。乔丽坐在用报纸垫的凳子上，热情的女人为她拿来了拖鞋，乔丽看见那鞋居然是用旧的解放鞋的鞋底做的，再用旧毛线织出带有美丽图案的鞋帮。

乔丽不禁有些好奇她是怎么把这个家打理得这样舒适的，女人一边干着活，一边微笑着说："家里的冰箱洗衣机都是隔壁邻居淘汰下来送给自己的，其实用着也蛮好的；工厂里的老板同事也都很照顾自己，还会让自己把饭菜带回来给孩子吃；孩子们也很懂事，做完了一天的功课还会帮忙干家务活……

乔丽听着听着，眼睛有些湿润了，叹息道："虽然你所面临的环境是如此糟糕，但是，你的心境并不糟糕。"这并不是同情，而是一种赞叹，赞叹女人的坚强，更赞叹女人的乐观。

可能在任何人看来，女人所处的环境都是相当糟糕的，但是，拥有

积极乐观心态的女人却用自己微薄的薪水营造了一个干净而温馨的家。或许，在我们的生活中，常常会发生许多不如意的事情，不管我们是否接受，它都会如期而至。既然我们不能改变糟糕的环境，那么，我们就改变糟糕的心境。改变那些我们能改变的，接受那些不能改变的状况。当你总是怀着乐观的心态去面对生活的时候，你会惊讶地发现，事情并没有想象得那么糟糕，无论多大的困难与挫折，都不足以毁灭我们心中的希望。只要心中有梦，希望就在，我们会发现世界竟是那么美好，生活中处处充满阳光。

第9章

别让愤怒控制你：再愤怒也不能失控

很多时候，人们害怕愤怒会控制自己，所以，他们会产生一种错觉：对付愤怒只有将愤怒扼杀这一种方式。其实，人们应该了解，自己可以愤怒，但不一定要表现出来。即使在愤怒的时候，也可以作出明智正确的选择。

别心急气躁，冷静才能解决问题

在困难面前，许多人容易心浮气躁，进行了多次挑战仍无法战胜困难时，他们就会变得气急败坏。在他们心灵深处，有一种力量使他们感到茫然不安，让他们无法冷静地思考，这种力量就是愤怒、生气。生气不仅是成功最大的阻碍，也是各种心理疾病的根源，并不断地影响我们的日常生活和工作。一个人在愤怒的那一瞬间，智商是零，过一阵子才会恢复正常，而这将对我们的正常思维造成恶劣的影响，使我们没有办法冷静下来，从而没有办法思考出解决问题的有效方法。在任何时候，一个人都需要冷静，尤其是在困难面前，冷静能使人清醒，它能够使人有条不紊、沉着地应对所发生的一切。所以，面对困难时，不要气急败坏，只有冷静才能让我们转败为胜。

在挫折与困难面前，跌倒了，爬起来，这是一种勇气，但是，对于成功来说，勇气并不是最关键的因素，因为成功所需要的是比勇气更珍贵的那份冷静。失败了，我们所需要做的不仅仅是重新站起来，更关键的是要学会梳理自己的情绪，冷静地分析、总结失败的原因，这样我们才能避免摔更大的跟头。一个人在面对困难的时候，若总是心浮气躁、气急败坏，那么，这个人终会失去自我。在任何事情面前，我们都应该拥有冷静的头脑，只有冷静，才有可能使我们转败为胜。

在法庭上，律师拿出了一封信向洛克菲勒问道：“先生，你收到我

寄给你的信了吗？你回信了吗？”洛克菲勒冷静地回答：“收到了，没有回信。”这时，律师又拿出了二十几封信，逐一向洛克菲勒询问，而洛克菲勒都以同样冷静的表情、相同的语调给予了回答：“收到了，没有回信。”终于，律师控制不住自己的情绪了，他开始暴跳如雷、不断咒骂。最后宣判的结果出乎人们的意料，法庭宣布洛克菲勒胜诉，因为律师因情绪失控而让自己乱了章法。

1.冷静，让你转败为胜

从洛克菲勒的例子中，我们可以看出冷静对于一个人成功的重要性。很多律师甚至这样总结：令你的对手发怒，失去冷静，这样，你就已经开始转败为胜了。当然，在同样的条件下，自己则需要保持冷静的头脑。

2.愤怒的情绪不可有

一个人若是能够控制好情绪，保持冷静，就可以化阻力为助力，化险为夷；相反，若是不能掌控好情绪，容易被激怒，就有可能陷入危险的境地。有人说：“一个能控制住不良情绪的人，比一个能拿下一座城池的人还要强大。”情绪不仅是心灵健康的庇护神，而且往往是我们决胜的关键。面对强劲的对手，有时候，我们采用何种手段并不重要，至关重要的是控制好自己的情绪，保持冷静。

明智的人懂得控制情绪

有一位智者，他脾气十分温和，几乎从来不生气。弟子好奇地问他：“师父，难道你永远不会生气吗？”智者微微一笑：“生气是什么呢？每当事情发生了以后，我都会告诫自己，事情原可能比现在更糟糕的，看来，我还是算幸运的，所以，有什么值得生气的呢？如果是别人犯的错误，本身错误在于他自己，我何必要生气呢？每天，生活的快乐我都来不

及感受，哪有时间来生气呢？”

有一天，七里禅师正在蒲团上打坐，突然，一个强盗闯出来，拿着一把又明又亮的刀子对着他的脊背，说：“把柜里的钱全部拿出来！否则，就要你的老命！”七里禅师似乎并不害怕，只是缓缓说道：“钱在抽屉里，柜里没钱，你自己拿去，但要留点，米已经吃光，不留点，明天我要挨饿呢！”那个强盗拿走了所有的钱，在临出门的时候，七里禅师说：“收到人家的东西，应该说声谢谢啊！”强盗转过身，说：“谢谢。”霎时间，他心里十分慌乱，因为他从来没有遇到过这样的事情，这使他失去了意识，愣了一下，才想起不该把全部的钱拿走，于是，他掏出一把钱放回抽屉。

没过多久，这个强盗被官府捉住，根据他所提供的供词，差役把他押到七里禅师的寺庙去见七里禅师。差役问道：“几天之前，这个强盗来这里抢过钱吗？”七里禅师没有生气，微微一笑，说道：“他没有抢我的钱，是我给他的，临走时也说声谢谢了，就这样。”强盗被七里禅师感动了，只见他咬紧嘴唇，泪流满面，一声不响地跟着差役走了。

这个人在服刑期满之后，便立刻去叩见七里禅师，求禅师收他为弟子，七里禅师对他没有半点怒气，只是摇摇头，不答应。这个人长跪三日，七里禅师终于收留了他。

生活中，总是有这样或那样不如意的事情，可能会挑动起我们心中的怒火，但是，当你在生气的时候，是否意识到自己是在被情绪牵着鼻子走呢？当心中怒火开始蔓延的时候，我们应该做的第一件事就是尽量让自己安静和放松，冷静地思考现在到底出现了什么样的情况，而不是顺其自然地让“怒火”蔓延开来，让自己被情绪牵着走。

普鲁斯特说：“愤怒不能同公道和平共处，正如鹰不能同鸽子和平共处一样。”心理学家建议：把自己当作思想的旁观者。即我们在所做的每一件事情中，并不涉及如何去控制自己的怒火，而是主动意识到“怒火”

带来的危害性，在这种思想的慢慢渗透下，就会逐渐改掉自己的坏脾气，认识到“救火”的重要性。慢慢地，学会把自己当作一个思想的旁观者，开始清楚地认识“生气”，领悟到在生活中许多事情是不值得生气，或根本没有必要去生气，这样一来，一切步入了正规，生活也变得越来越美好了。

面对任何事情，我们都不要随意发火、生气，因为常常是生气容易，“救火”却难上加难，尤其是因生气所造成的后果，更是我们难以去控制的。试想，一场大火，若不及时处理，会怎么样呢？

1.置身局中，无疑是火上浇油

从“隔岸观火”，智者清楚地认识了“生气”，也知道了救火的重要性。在现实生活中，我们常常为一些琐碎的小事而生气，这时候，我们成为了当事人、局中人，整个人被愤怒的情绪所困扰，若是事态变得严重，则如同“火上浇油”，我们甚至难以控制火势的蔓延。

2.理性看待问题，给自己申辩的空间

可能我们都有过“隔岸观火”的经历，当同样的事情发生在家人或朋友身上的时候，我们会清楚地意识到：当事人是没有必要生气的。可是，为什么事情到了自己头上就看不清楚呢？这时候，需要我们理性地看待问题，重新梳理自己的逻辑，给自己一个申辩的空间，从而完成自己的逻辑推演过程。

发怒，是用别人的错误惩罚自己

德国哲学家康德说：“发怒，是用别人的错误来惩罚自己。”在现实生活中，喜欢生气的人不在少数，可是，若有人问：“你为什么生气？”他们却支支吾吾，答不上来，似乎已经忘记了自己生气的初衷是什么，气

是怎么样一点点冲起来的，他们也不知道。有人对此作过一项调查，那些经常生气的人，他们从来不重视生气的理由，如果再详细地询问，他们会给出一些不是理由的理由，诸如“我就是看他不顺眼”“凭什么他就表现得那么嚣张，我气不过”等。在阐述理由的过程中，他们所提到最多的都是“他人”，其实自己的利益根本没有受到任何的损失，生气只是因为“他人”的错误。这时候，他们才会发现，自己生气真的是用别人的错误来惩罚自己。那么，何必要用他人的错误，在自己心中点一把火呢？

有一天，佛陀在竹林休息的时候，突然，有一个婆罗门闯了进来，由于同族的人都出家到佛陀这边来，这位婆罗门对此感到很生气。见到了佛陀，婆罗门就开始胡乱责骂，佛陀并没有说话，等到他将心中怒气发泄完以后，安静了下来，佛陀才说：“婆罗门啊，在你家偶尔也会有访客吧！”婆罗门感到很奇怪：“当然有，你何必这样问？”佛陀笑了，说道：“婆罗门啊，那个时候，你也会偶尔款待客人吧。”婆罗门点点头：“那是当然了。”佛陀继续说道：“婆罗门啊，假如那个时候，访客不接受你的款待，那么，这些菜肴应该归于谁呢？”婆罗门想也不想，就回答说：“要是他不吃的话，那些菜肴只好再归于我！”

佛陀看着他，又说道：“婆罗门啊，你今天在我的面前说了这么多坏话，但是，我并不接受它，所以，你的无理胡骂，那是归于你的！婆罗门，如果我被谩骂，而再以恶语相向那，就犹如主客一起用餐一样，因此，我不接受这个菜肴。”然后，佛陀说了这样几句话：“对愤怒的人，以愤怒还牙，是一件不应该的事情。对愤怒的人，不以愤怒还牙的人，将可以得到两个胜利：知道他人的愤怒，而能镇静自己的人，不但能胜于自己，也能胜于他人。”婆罗门接受了这番教诲，并出家于佛陀门下，后来，他成为阿罗汉。

佛陀告诉我们：“在不顺利的境况下，能够做到不生气、不发怒，这本身就是一种生活智慧。”最近，在朋友圈中流行着这样一句话：我生什

么气！我生气是拿你的错误来惩罚我自己。与其耗费多余的精力去生气，不如好好打理自己的心情。央视主持人朱军曾说：“得意时淡然，失意时坦然。”境由心造，我们所面对的是一个多变的世界，可能，我们改变不了环境，但是，我们可以改变自己；可能，我们改变不了事实，但是，我们可以改变态度。正所谓“大肚能容天下难容之事，笑口常开笑天下可笑之人”，如果你知晓了这个道理，那还有什么气可生呢？

当自己生气的时候，不妨冷静下来仔细想想，自己的怒气是不是大多数因为他人？真正的错误并不在自己，何必要在自己心中点一把火呢？有时候，令你生气的人已经走远了，而你却还在为他生气，这值得吗？那些令自己生气的事情已经过去很久了，还在为它生气，这又是何必呢？在更多的时候，我们都是拿别人的错误来惩罚自己，而在惩罚自己的同时，并没有达到纠正别人错误的目的。所以，与其拿别人的错误来惩罚自己，倒不如以自己良好的美德来反衬对方的缺陷。

生气是对自己的惩罚，有人对此不理解，生气所发泄的对象都是别人，怎么自己还成了惩罚对象呢？其实不然，你若理解了生气对一个人健康的危害性，你就明白为什么生气是对自己的惩罚了。

美国心理学家埃尔马做了一个简单的实验：把一只玻璃管插在盛有水的容器里，然后让实验者把气吐到水里，以此收集人们在不同情绪状态下的“气”水。通过实验结果发现：一个心平气和的人吐出来的气进入水中，水澄清透明，一点杂色都没有；一个有点生气的人吐出的气进入水中后，水会变成乳白色，而且，水底还有沉淀；一个怒发冲冠的人吐出的气进入水中，水会变成紫色，水底有沉淀。

心理学家埃尔马将那紫色的“气”水抽出部分注射在小白鼠身上，没想到只过了几分钟小白鼠就死了。对此，他得出了这样一个结论：一个人在生气时，体内会分泌出许多带有毒素的物质。看到这些，想来大家就明白生气是在拿别人的错误来惩罚自己了吧。

面对生活，怀揣一颗宽容的心

以德报怨是一种宽容，维克多·雨果曾说：“最高贵的复仇是宽容。”宽容，会让我们忘记心中的仇恨，不再愤怒，乃至能以一种平静的心态面对事情的发展。生活中，能够以德报怨的人并不多，人们大多都是以怨报怨，对于别人的苛责或非难，大多数人从来不会忍受，心中的怒火很容易被激起，在激烈情绪的控制下，他们会恶语相向、以牙还牙，结果弄得两败俱伤，甚至从此成为陌路人。俗话说：“冤冤相报何时了。”如果我们容不下别人无意之中造成的伤害，无法忍受自己遭受一点点的责备，那斗气就会成为我们的习惯。人生短短几十年，何必非要跟自己过不去呢？学会宽容，以自己的仁厚去包容他人的过错，这样我们才能拓宽人生的境界，同时，还能化解心中的怒气。

有一天，迈克尔在路上走着，他边走边把竹条缠绕在自己身上玩，谁料，一不小心，迈克尔的竹条一端就脱了手。当时，迈克尔正站在木桥边，对着大门，一位农民的儿子在那里放了一罐水，准备挑回家。不巧的是，迈克尔的竹条反弹回来把水罐打翻了，好在装水的罐子并没有破碎。发现自己闯祸了，迈克尔急忙赔礼道歉，可是，农民的儿子却跑过来大骂，一点儿也不理会迈克尔的解释。令迈克尔没想到的是，对方竟然一把抓住了自己的竹条，并残忍地将那根竹条折变了。

这竹条可是父亲送给自己的礼物，如今却扭成了这个样子，迈克尔十分生气。在回家的路上，他不停地咕哝：“我一定要报复他，我要让他从心底感到后悔。”正在花园里散步的父亲听见了，好奇地问：“你要让谁后悔呀？”迈克尔向父亲说了事情的经过，父亲笑着说：“他的确是一个坏孩子，但是，他已经受到了惩罚，因为他没有朋友，也没有娱乐，这就是对他的惩罚。”迈克尔却执意说：“那竹条可是你送给我的礼物，那么漂亮的竹条，我只是无意打翻了他的罐子，我一定要报复他。”父亲抚摸

着迈克尔的头，温和地说："迈克尔，我知道你是一个好孩子。做任何事情都应该思考清楚，我向你承诺，我会再送你更漂亮的竹条，但是，如果你执意要报复，并且认为那样做才是对他最好的惩罚，那么，以后你肯定会后悔的，你自己才会从心底里后悔。"迈克尔陷入了沉思，他暂时放弃了报复的念头。

几天过去了，迈克尔似乎忘记了那天的事情，那天，他又遇到了那位农民的儿子。这一次，他正挑着一担重重的木柴朝家里走去，结果不小心摔倒在地，爬也爬不起来。迈克尔看见了，急忙跑过去帮忙捡起了木柴，这时，那位农民的儿子感到很愧疚，心里很难受，为之前的行为感到后悔，甚至在迈克尔离去的时候，他还小声说了一句："那天，对不起！"而迈克尔则高高兴兴回家了，他想，或许这才是最好的行为，以德报怨，如果不是当初父亲提醒我，可能我现在正在忏悔呢！

迈克尔听从了父亲的教诲，以宽容的怀抱拥抱对方。果然，当迈克尔学会宽容以后，以德报怨的作用就发挥了，那位看上去蛮横的家伙竟然不好意思说了一句："那天，对不起！"如此看来，以德报怨确实是化解一切怒气的法宝，不仅化解了自己内心的愤怒，还融化了对方那颗冰冷的心。

以德报怨受益最大的就是我们自己。以德报怨所体现的是一种宽容的大度和涵养，同时，这也是一种积极的生活态度和高尚的道德观念。虽然对方做了一些侵犯我们或对不起我们的事情，但我们若是可以给予对方一个宽容的怀抱，那所换来的将是皆大欢喜的结局。斗气，害人害己；以德报怨，化解彼此心中的怒气。如果你是一个仰望幸福的人，那么你一定会选择后者，因为以德报怨本身就可以令你收获一种甘甜的幸福。

摒除自负情绪：得意忘形是失败者的标志

我们应该活得自信，但是要远离自负。自负心理就是盲目自大，过高地估计个人的能力，失去自知之明。朋友们，所谓“三人行，必有我师”“人外有人，天外有天”，每个人都应该谦虚谨慎，踏实做人，切忌得意忘形，跳进自负的陷阱。树大招风，不要太逞能，学会放低姿态，这才是做人的智慧。

别让自负毁了你的前程

自信是一个人必须拥有的基本素质，自信的人拥有好的生活态度和理念，所以，面对人生时，我们必须做一个自信向上的人。可是凡事都要讲求一个度，把握一个标准，过度的自信那就是自负。我们可以活得自信而有底气，但不要无端自负，无端自负只会毁了自己前方的路。

曾经有这样一个故事，发人深省，它告诉了人们自负的下场。

学历高确实在某种意义上代表了一定的能力，我们可以因学历而自信，却不可因学历而自负。一家单位里，分配过去一位年轻的博士生，他是那里学历最高的人。有一次，他去附近的小池塘钓鱼，正好两同事在他的两旁，也在钓鱼。虽然只是一个新人，但他只是稍微示意了一下，因为他觉得他们学历太低，没什么话题。不一会儿，一位同事放下钓竿，伸伸懒腰，“蹭蹭蹭”地从水面上轻盈地踏过，去对面上厕所。博士生的眼睛瞪得都快掉下来了。水上漂？不会吧？这可是一个池塘啊！同事上完厕所回来的时候，同样也是“蹭蹭蹭”地从水上“漂”回来的。怎么回事？博士生又不好直接问，因为自己是博士生哪！

过了一阵子，他也想去厕所。可是如果走别的路需要转很多弯，只能走水上了，他也起身往水里跨，心里还想着：“他们低学历都能过去，我有什么不可以。”随即，只听到“咚”的一声，他落水了。两位同事赶紧将他救了出来，问他为什么要下水，他问：“为什么你们两个可以走过去呢？”

两人不约而同地笑了，说："水里有两排木桩子，只不过雨水涨高没过了，你没发现。你可以跟着我们走过去，其实你可以问我们一声的。"

读完了这个小故事，你会发觉过度的自负真的是一件非常可笑又可怕的事情啊！只有充分地认识自我，甩掉自负的包袱，才能与周围的人建立和谐的人际关系，进而得到他人的提点，少走弯路。

也许你身居高位，也许你才华过人，也许你家财万贯，也许你权倾一时……可是，这些难道是你自以为是的理由吗？自负的人总是目空一切，高高凌驾于众人之上，仗着自己的优势，不肯轻易向他人略微低头，给人一种望而生畏的感觉。而放弃了这种自我意识的人，就会多一分平和，多一分宽容，从而在自己的人生道路上走得更从容、更坚定。

"三人行，必有我师"，你不可能万事精通，别人肯定会有强于你的地方，所以不要那么目空一切。当你自以为拥有比他人更强大的能力时，要记住，自己还有欠缺，而且会永远有欠缺。正所谓学业有先后，术业有专攻，一定不要自命清高，否则你很快就会因自负从当前的位置上被拽下来。

放低姿态，境界方能高远

放低姿态，不是卑躬屈膝，不是低声下气；放低姿态是一种博大胸怀，是一种人生境界。很多人会觉得放低姿态就是看低了自己，是一种瞧不起自己的行为，代表着不自信与懦弱。其实这种说法是错误的。放低姿态所折射出的是一个人待人谦虚随和的态度，是一个人宽广的胸怀，是一个人为人处世所须有的高远境界。一个身居高位仍然能放低自己的人，不会专横和贪婪，能够展示出自己的君子风度，使自己充满亲和力。当你从困境中走出来时，就会发现，看低自己是一种多么难得的超凡脱俗、淡泊

平和。

信陵君是魏昭王的小儿子，他的礼贤下士一直为人所称道，可以说是一位非常贤德的君子。“窃符救赵”的故事便是一段为人乐道的佳话。

侯嬴当时是一位看门的老人，虽然他年事已高且地位低下，却是一位不可多得的人才。当信陵君知道他之后，便亲自前往拜访，并送给他厚礼。侯嬴不肯受礼，说：“我修身洁行数十年了，决不因穷困而受公子财。”

信陵君专门为侯嬴置办了酒席，宴请了许多贤能之士。出门迎接之时，他把车子的左边座位空出来留给侯嬴。当时，侯嬴上了车，毫不谦让地坐在上座，想以此试探公子的态度。这时，他见公子亲自赶车。

车骑经过一段路，侯嬴对公子说：“我有一位朋友叫朱亥，在市场里，想顺道去看看他。”

因此，信陵君便驾着车子一起进入集市，侯嬴想试探一下信陵君的态度就故意多待了一会儿，而信陵君一点也没有反感。

这时，魏国的将相宗室宾客已坐满堂，正等着公子来举酒，市人都看到公子为侯嬴执辔赶车，随从人员都在暗中骂侯嬴。侯嬴见公子颜色始终不变，才向朱亥告辞，然后上车。

等到府里的时候，信陵君把侯嬴请到上座，并向大家一一介绍。酒过三巡，公子起身向侯嬴祝寿。侯嬴对公子说：“今日让公子屈尊感到很抱歉，我只是一个看门的老头，却能受到公子如此的优待，公子果真是个礼贤下士的明主。”他又说，“我所访的朱亥也是个贤者，他隐居于屠间，世人不知道。”

其实侯嬴的做法也是对信陵君的一种成全，不只是为了试探他。因为这让世人更为清楚地看到了公子的礼贤下士，而途中访朱亥也使公子能与贤者结交。后来侯嬴与朱亥在公子救赵之战中，上演了著名的“窃符救赵”一幕。

明代思想家吕坤说：“气忌盛，新忌满，才忌露。”低姿态是一种智慧，和人格、品德无关。有品位、有内涵、成熟的人不一定都拥有低姿态，但拥有低姿态的人，无疑更有品位、更有内涵、更成熟。

放低姿态不等于放低自己的人生，而是蛰伏准备，蓄势待发，只有学会沉下心来，沉稳做事，才能充实自己的人生。

朋友们，不管你多么优秀，请记得放低自己的姿态，这是一种谦和的态度，也是一种做人的修养。不要做一个肤浅的人，自以为是真的会让你栽很多跟头。

三人行，必有我师

孔子的“三人行，必有我师焉”这句话，受到后代知识分子的极力赞赏。他虚心向别人学习的精神十分可贵，而更可贵的是，他不仅以善者为师，还以不善者为师，这其中包含着深刻的哲理。他的这句话，对于指导我们处事待人、修身养性、增长知识，都是有益的。多向他人请教，做一个谦虚的人，不恃才放旷，不骄傲自大，才能取得更大的进步。

章言是某高校人力资源专业应届毕业生，他和另外几名毕业生进入了一家民营企业。在3个月的实习时间里，他们经历了理念培训、岗位操作等内容，大家都干得不错。

在结束实习前一个星期，章言等几名应届生又被特别委任为临时“部门经理”。整整3天时间，他们必须“客串”部门经理的所有工作职责。

起初，章言等人认为，自己的四年大学可不是白上的，一个行政部经理没什么难当的。可是，在他们“上任”的3天时间内，公司就出了一个大漏洞：原本计划两天完成的管理软件升级，迟迟不见完工。调查之下，各方均有托词，技术部称人手不够，人力资源部称短时间不能招到新人，行

政部居然未接到两方通报。待章言决定外聘软件公司进行升级时，他已从经理岗位卸任。

这样的情况在其他部门也发生了。销售部的丽丽说："原以为学会卖东西、签合同就够了，但自己无论模样外表还是处世经验，都太嫩了。"原来，丽丽在客串期间，多次陪经理参加客户宴会，深深领教了职场"太极"之道的高深。

这次打击给他们这几个自我感觉良好的年轻人带来了很大的触动。在会议总结的时候，他们终于明白了：人在职场，好高骛远、眼高手低只会栽跟头；虚心学习、积累提高方是可取之道。

人的心就跟一个杯子似的。一杯水，倒掉多少，你就能装多少，倒掉的越多，装的越多。同样的道理，你的心只有永远处于不满的状态，才能容下更多的东西。当今是一个高速发展的社会，你的不前进，就是一种落后；你的不谦虚，就是一种骄傲，而骄傲的结果也是落后。

谦虚是一种修养，谦虚的人不自满，谦虚的人懂得接受批评，谦虚的人懂得请教他人。得意忘形，终会摔得很惨。谦虚做人，会让你更上一层楼！有谦虚的态度，会让你收获颇丰，你会从每一件事情、每一个朋友身上学到更多的东西。

摒弃自负情绪，谦虚做人，虚心请教，我们需要做的还有很多。

1.态度决定一切

消极态度和积极态度会带来截然不同的人生。那么，怎样保持一颗积极的心呢？第一，时间就是生命，珍爱生命，把握现在。第二，用一颗平常心看待事物。第三，洒脱一点，不要太在意过往，用积极的人生态度感染身边的每个人！

2.低调不张扬

低调做人，是一种品质，更是一种修养，它体现了人的一种宽阔的胸襟！保持低调的做人品格是对我们自身的一种考验！

3.放低姿态

人无高低贵贱之分，不论是做学问还是为人处世，都可谓是“术业有专攻”，没有谁高于谁。即便你身份地位优于他人，也不代表你事事处于上风。放低姿态，多去请教，你懂得的和学到的将会更多。

别因为你的优势而得意忘形

有个故事大家都非常熟悉，那就是“龟兔赛跑”。兔子之所以输掉了比赛，就是因为太过骄傲自满；小乌龟却知道勤能补拙的道理，最终赢得了比赛。人们夸赞小乌龟，是因为它赢在自己的劣势上，这是难能可贵的；与此同时，人们批评兔子，是因为它败在自己的优势上，这让人惋惜。是的，很多时候，战胜我们的不是强大的竞争对手，而是自己的“传统优势”。一些不大会游泳的人往往淹不死，而淹死的人却多半是一些比较会游泳的人；兔子不知要比乌龟跑得快几十倍，没想到赛跑时反而败在了乌龟面前……可见，有时候，如果骄傲自满，优势就会使我们变得忘乎所以，令我们与成功失之交臂。

一只猴子和一个卖艺人是一对冤家，他们想要征服对方做自己的奴隶，于是他们就打了一个赌，看看谁能先从前面的这座山走到花果山，最后吃到那颗长生不老的蟠桃。第二天，猴子和卖艺人同时从山下出发了。一路上，猴子为了向卖艺人炫耀自己的本领，一会儿从这棵树上跳到那棵树上，一会儿又在地上不停地翻着跟斗。卖艺人见了，羡慕地说：“猴子啊，你真的太厉害了，我好佩服你啊！哎呀，你的技术那么娴熟，看来我输定了。”诸如这样的话，卖艺人一连对猴子说了十九天。猴子每次听了卖艺人的夸奖后，总是得意扬扬地想：“你这个笨蛋，既不会爬树，又不会翻跟斗，怎么会走得比我快呢？要知道，翻山越岭可是我的强项啊，你

就等着做我的奴隶吧！”第二十天，猴子还是在欣赏自己的技艺，它欢快地跳来跳去，可是突然想起卖艺人没有夸赞它，便想：卖艺人可能是害怕了，他知道比不过自己，只好逃走了。于是，猴子一个跟斗接一个跟斗地翻到了花果山。可到那之后，它呆住了，它不敢相信自己，原来卖艺人已先到了，他正高兴地吃着蟠桃呢！“这怎么可能？你既不会爬树，又不会翻跟斗，怎么可能比我先到呢？”猴子不解地问。“是的，因为我什么都不会，所以当你在表演的时候，我就在拼命赶路，哈哈！”卖艺人说完，敲了一下手中的铜锣，说：“从现在开始，你就是我的奴隶了。走，跟我卖艺去！”

猴子的结局与龟兔赛跑中的兔子又何尝不一样呢？优势能给你带来更大的便利，能让你的成功之路更为平坦，可是，若你稍有不慎，骄傲自大，那么优势就会成为你潜在的隐患。

类似的故事其实很多，我们可能会嘲笑故事里的角色，然而生活中的我们何尝没做过类似的事情呢？

章鱼是一种口感鲜美的海鲜食品，也是一种相当珍贵的营养品，所以很多人喜欢捕食章鱼。然而，章鱼是海洋里的一霸，残忍好斗，并不是那么轻易就能被人捕到的。早前的时候，人们捕捉章鱼可以说是非常艰难。后来，章鱼的诡计逐渐被渔民发现，它很善于隐藏，喜欢将自己的身体塞进海螺壳躲起来，等到鱼虾走近时，它会突然变成一个庞然大物，向鱼虾发起猛烈进攻。这个秘密被发现之后，渔民就想出了轻松搞定章鱼的方法。渔民们把一个个小瓶子用绳子串在一起沉入海底，章鱼见到了这些晶莹剔透、光滑可爱的小瓶子，好像见到了护身符一般，都争先恐后地往里钻，不管是多么狭小的空间，它们都用尽全力地去钻。因此，渔民们轻而易举地捕获了一条条章鱼。

本是力大无比的海洋一霸，为什么这样轻易地被人捕获？细细思之，章鱼的悲哀在于不是败在自己的短处上，而是败在自己的优势上，正是这

身体柔软无孔不入的优点，葬送了它的生命。

人生在世，谁没个磕磕绊绊，关键的是爬起来之后想想以后的路该怎么去走。自信是好事，而得意忘形却容易让你跌进自负的旋涡。如果我们被优势羁绊，那么我们应该收收心，理智对待优势；一定不能目中无人，要知道天外有天、人外有人，千万不要把精力花费在炫耀自己的优势上。

空杯心态，练就从头开始的勇气

有这样一种现象大家一定都非常熟悉：许多人第一次能够比较容易地取得成功，第二次却异常艰难。大家难道没有想过这是为什么吗？一位国内著名的集团老总曾经说过这样意味深长的话："往往一个企业的失败，是因为它曾经的成功，过去成功的理由是今天失败的原因。任何事物发展的客观规律都是波浪式前进，螺旋式上升，周期性变化。中国有一句古话，叫风水轮流转，用经济学讲是资产重组。"生活就是不断地重新再来。不空杯就不能开展新的资产重组，就不能持续发展。

空杯的心态就是归零、谦虚，就是重新开始。很多人在成功之后总是忘不了当前的荣耀，以至于被遮蔽了眼睛，看不到远方更多的风景。想要取得更大的成就，你一定要有一个空杯的心态。只有如此，才能快速成长，才能学到更多的成功方法。

小泽征尔打小就是一个纯粹的音乐爱好者，还在非常著名的音乐学校学习，毕业后他没有辜负家人的期望，去欧洲继续深造。不久，他就在贝桑松国际指挥比赛中获奖。不但如此，他还得到了世界著名指挥家卡拉扬的赏识和亲自指点，这对小泽征尔来说是一个再好不过的机会了。

出国深造对于他的成长是非常有帮助的，而他取得的成就也非常惊人。很快，他就成为一名乐队指挥，并且签约美国最大的演出公司——哥

伦比亚艺术公司。当时的成就可以说震惊了日本广播公司交响乐团的领导，他们聘请他回国，担任该乐团的常任指挥。其实这也是他本人的愿望，所以当即答应了。

回到祖国首演的那天，他非常重视，因为他希望可以把最好的一面呈现出来。然而，登上演出的舞台后，他惊呆了，这一幕简直就是一种屈辱：偌大的舞台上，只有他一个人站在指挥台上，而乐团的成员，一个也没有到场！原来，虽然年轻的指挥家获得了很大的成功，乐团的成员们却对他很不服气，不买他的账。于是大家都商量好了不去参加他指挥的演出。

面对这个打击和耻辱，他简直崩溃了，没想到自己努力付出的成果竟然在国内遇到了如此的冷遇。虽然自己已经非常出色，其他人却不以为然。他感到了前所未有的愤怒、挫败和侮辱。不过，他没有被击倒，而是坚定地相信自己有一天一定会成功。

这一次他又带着自己的梦想踏上了征程，去美国继续深造。他不仅努力学习以完善自己，还参加了很多实践活动，担任了许多乐团的指挥，理论和经验的不断丰富使他的技艺更为精湛。五年后，他离开美国到世界各地旅行，并经常担任客席指挥。在博取各家的优点后，他形成了自己的风格，并赢得了众多荣誉，被称为“当今世界著名指挥家”。

想要笑到最后，想要笑得最好，就要保持住自己的空杯心态，小泽征尔就很好地做到了这一点。从出色到经受打击，再通过“空杯”到更完美、更专业，这个过程也成就了他最终的辉煌。因为真正的卓越不是一蹴而就，更不是一劳永逸。认为自己取得了一些成绩就可以永享荣耀的想法，是扼杀自己走向更加优秀的可怕想法！只有不满足过去的成绩并不断超越，才能从优秀走向卓越。只有勇于去挖掘，更大的潜能才能被开发出来。而潜能往往不是“拿”出来的，而是激发出来的，这种激发，往往来自一次大的震荡，以及在经受震荡后形成的“空杯”心态。尽管“空杯”

的过程是痛苦的。但是铸造辉煌往往需要这个过程。

1.懂得放下

俗话说，有舍才有得，适当的时候，我们需要放下一些东西，包括荣耀。只有放下当前，才能更好地面对未来。朋友们，让一切成为过去，整装待发，以饱满的精神去迎接未来吧！

2.从零开始

学会寻找新的起点，从零开始，每天都要用一种最新的状态去做每一件事。永远不要把过去当回事，永远要从现在开始，进行全面的超越！

3.心态很关键

有了良好的心态，人生就会有方向，人只要不失去方向，就不会失去自己。心态的好坏，在于平常的及时调整和修炼及形成的习惯。

别让虚荣心阻碍你前进的路

莎士比亚说："轻浮的虚荣是一个十足的饕餮者，它在吞噬一切之后，结果必然牺牲在自己的贪欲之下。"虚荣是一种无聊的、骗人的东西，我们要时时提醒自己远离虚荣，以免被它撞得头破血流。

人最真实的快乐源自内心那份最纯粹的快乐，而非外在的修饰与遮掩。生活中很多人有着极为强烈的虚荣心，它是一种过于自尊的表现，同时也与自负和骄傲有着很大的关联，很多人在虚荣心的驱使下，已经逐渐迷失了本我，掉进了这个旋涡。虚荣心，从心理学角度来说是一种追求虚荣的性格缺陷，是一种被扭曲了的自尊心。人人都有自尊心，都希望得到社会的承认，这是一种正常的心理需要，但虚荣心强的人不是通过实实在在的努力取得成绩，而是利用撒谎、投机等不正常手段去渔猎名誉。如果有人迷失在其中，那么请醒一醒吧，让自己努力去做得更好，远离虚荣，

成为一个受到大家喜欢的人。

莫泊桑有一篇小说《项链》，便刻画了一个爱慕虚荣的女人形象。

玛蒂尔德出生于一个小职员家庭，长大后她嫁给了一个小职员，过着平凡的生活。她总是幻想着过上宫廷般奢侈的生活，不过这些都只能是幻想。一天。她的丈夫回家后，高兴地拿出一张请柬，上面写着邀请他们夫妻去参加一个盛大的晚宴，在那里他们将会看到很多上流人物。

玛蒂尔德看了请柬后却并不高兴，反而十分忧郁，她认为没有好的服装可以穿，如果衣着寒碜参加高级晚会简直就是去丢脸。丈夫只好拿出存了很久的积蓄，让她做一件漂亮的晚礼服。玛蒂尔德有了漂亮的衣服，又觉得自己没有漂亮的饰品，于是向自己的好朋友借了一串项链做装饰。

晚会上，玛蒂尔德确实光彩照人。然而她回来后，却发现不小心弄丢了项链。碍于面子，她没有向朋友说明情况，而是去商店花高价买了一串项链归还朋友。而自己和丈夫，则勤俭度日，辛苦工作十年才还清了贷款。

有一天，玛蒂尔德同老朋友偶遇，她的朋友简直认不出她来了，十年的艰辛生活，已经将她变成了一个饱经沧桑的妇人。而当她提起丢失项链的事情时，她的朋友告诉她，那串项链是假的，值不了多少钱的。

最具讽刺意味的情节在于小说的最后一句话“哎哟！我的可怜的玛蒂尔德！我那串是假的呀，顶多也就值上五百法郎！”玛蒂尔德辛苦还债十年，却被告知她当年借的是串假项链，这个谁都难以接受的事实，却真实地发生在了她的身上。莫泊桑借此讽刺那些爱慕虚荣的人，同时赐予他们爱慕虚荣所导致的恶果。

虚荣是无知无能的人最想依靠而实际上最依靠不住的心灵稻草。我们要时时提醒自己远离虚荣，以免被它撞得头破血流。

远离虚荣，回归本我，才能得到真正的快乐。

1.树立远大的理想

人最怕的就是没有理想，浑浑噩噩地不知自己活着的动力是什么。有了理想，就有了奋斗的目标，也就有了动力不断前行。很多人能在平凡的岗位上做出不平凡的成绩，就是因为有自己的理想。想一下，你的理想是什么，这样才能更好地爆发出自己的潜能。

2.做最真的自己

做真实的自己，就应该追求更高的人格，而不是放纵自己的行为，做出一些让人鄙视的事情。我们要用真才实学来充实自己，用真诚待人来完善自己，用学识风度来展示自己，用美好品德来尊重自己。不要为了追求一种暂时的、表面的、虚假的名利而丢掉真实的自己。

3.自尊自重

摆脱虚荣心，这一点是必须铭记的。我们要做一个正直的人，一个诚恳的人，不要为了一己之私，不惜用人格来换取名利。只有把握住自尊与自重，才不至于在外界的干扰下失去人格。

第11章

扫除沮丧情绪：拥有屡败屡战的强大魄力

人生之中，不一定每天都很美好，但每天定有美好之处。是的，生活都是类似的，关键是看每个人的心态如何。人生没有橡皮擦，不可能重新来过，所以千万别让沮丧毁掉你的生活。如果您选择悲伤的事，就会浑身充满凄凉的感觉；如果您选择令人喜悦的事情，定是眉飞色舞。总之，我们有自由选择的权利。只要我们选择勇敢面对，那么即便再大的风雨，也不会令我们沮丧。

生活不会因为沮丧而改变

一个男生从小就喜欢踢足球，他很想加入足球队，但是，他太瘦了，而且身材太矮小，天生不具备运动员的体质，所以没有教练愿意收他。最后，他求一位教练："哪怕让我在球场外捡球，每天打扫球场我都愿意，只希望你让我加入球队。"他的诚心让教练感动，终于让他进了足球队。加入球队以后，小男生照自己说的那样，做一切力所能及的事，每天打扫训练场上的垃圾，还帮队员们处理各种杂事。当教练带着队员们训练时，他就坐在替补席上，一字不漏地听。每天，运动员们走光了，他就自己进行训练。教练看他这样努力，有时也会在不重要的比赛中让他出场，但是，每次他的表现都很差。

男生也开始对自己产生了怀疑，觉得再这样下去似乎也没什么效果，可是无论怎么说服自己，他还是喜欢足球，没办法放弃。于是他继续坚持，用更多的时间刻苦训练。终于有一天，在一场重要比赛中，教练让他作为替补出场。他在众人惊讶的目光中，踢进了制胜的一球，让所有人刮目相看，他也从此成了球队的主力球员。后来，他再接再厉，成为一名出色的球员。

每个人都曾因失败而沮丧过。辛辛苦苦地付出，换不来想要的结果，甚至所有的努力都付之流水，这样的事实怎么能不让人郁闷？而且，失败是对一个人能力的最大否定，直观又有说服力，不能不让人对自己产生怀疑。

每个人都因各种各样的问题而沮丧过、失望过、悲观过，都曾觉得生活乏味无聊，抑或常常认为自己不快乐，甚至不断地询问自己生命的意义是什么。其实，偶尔有些悲观很正常，但是生活并不会因此而轻松些。如果你任由消极的思想蔓延，你就会陷入严重的沮丧情绪中。人生遇到不如意，真的是很平常的一件事，但是这并不应该成为我们颓废的借口。我们还是应调整好自己，不畏艰难，迎难而上，用自己的爆发力去冲破前面的风雨。

与沮丧为伍，人生就是一场噩梦，一段走不出的痛苦。小说《老人与海》的主人公桑提亚哥在海上与鲨鱼搏斗的经历与内心活动诠释了这一矛盾的心态。

老头都接连84天没有捕获到一条鱼了，第二天出海，历经三天两夜的殊死搏斗，他终于战胜了那一条肥硕无比的大马林鱼，却在返途中接连遭受着鲨鱼的侵袭。老人不想把这拼劲全力才捕到的大鱼送到鲨鱼的嘴里，于是与它展开了一场较量，他用尽全身的力气和超乎常人的勇气，击退着鲨鱼一次次的进攻，但最终船上的马林鱼只剩下一副骨架。尽管老人失败了，但“你尽可能把他消灭掉，可就是打不败他”。老人的内心独白，简直就是海明威一生的写照。作家诺曼·迈勒鲁入木三分地剖析道：“海明威这种漂泊不定的生活之真正的根源，是他的一生都在跟沮丧、恐惧和自杀的念头作斗争。他的内心世界犹如一场噩梦，他的夜晚是在同死神的搏斗中度过的。”

当时的海明威可以说是生活得极为混乱，他曾经多次在女人和酒水之间盘旋，有过多次的婚姻，来来回回换过很多的住所，然而这样也没有令他摆脱焦虑和沮丧。他像只被凶恶老雕穷追不舍的猎物，被追得走投无路、无处躲藏。1961年夏季的某一天，海明威终因沮丧的困扰而用子弹结束了其顽强拼搏的一生。

沮丧的日子是必须要过去的，不要因一时的困难就消沉绝望。光明、

美丽的希望其实就在不远处等着你。加油吧，朋友们！

挫折会把你磨炼得更强大

我们都希望能够取得成功，可是成功青睐的人是你吗？如果一点磕磕绊绊就无法跨越，寻死觅活，这样的人怎能成功呢？古往今来，多少名人志士，他们为了成功所经历的磨难，相信大家都听说过，也从书本中看到过。没人能随随便便成功，挫折会把我们磨炼得更加强大。如果你能正确地对待挫折与痛苦，坚持自己的信念，你将会在厄运后获得新生。

北京大学艺术学院的开创人徐悲鸿是中国著名的画家。然而很少有人知道，年少时的徐悲鸿曾经历了一场又一场的挫折。

徐悲鸿从小家境比较清贫，他在绘画上的成就与他的父亲是有很大关系的。父亲是一个半耕半读的村塾老师，也是个画师。在他小时候，父亲画画，他在一旁看得如痴如醉。随后他就请求父亲教他画画，可是父亲觉得他还年幼，当时也没有把这事放在心上。

有一天上学的时候，他从书中读到卞庄子刺虎的故事，于是他就央求他人为他画一只老虎，随后他便开始描摹。父亲觉得孩子真心喜欢，就开始教他画画。9岁那年，父亲同意了徐悲鸿的画画请求，从这以后，他每天摹一幅当时流行的《吴友如画本》。从此，徐悲鸿就开始了他的学画之路。徐悲鸿在绘画方面确实有惊人的天赋，在10岁时，他就能帮父亲在画上不重要的部分染颜色，17岁便在一家中学里教图画来帮助家用。

可是好景不长，在他19岁的时候，父亲去世了，家里变得非常穷困，可以说是负债累累。他不仅要照顾家里，还得帮助弟弟妹妹读书，于是他只好去县里三所学校担任老师，以此来解决全家的生活。但是挫折并没有消磨徐悲鸿上进的决心，为了学美术，他去了上海。在上海时，他寄居在

一家赌场里，白天做工，晚上等客人散了，才摊开铺盖在赌桌上睡觉。

生活的困境无法摆脱，于是他开始向《小说月报》投画稿，可是都被一一退回了。过年的时候，别家都是热闹丰盛地吃年夜饭，而徐悲鸿却饿着肚子给一家叫作“审美书馆”的出版社用颜料填染单色印刷的杂志封面。

功夫不负有心人，他终于引起了社会的关注。除了审美书馆的主办人、著名的岭南画派导师高剑父、高奇峰兄弟外，当时的文化名人康有为、蔡元培等也给予他很多鼓励和帮助。

在他22岁那年，出现了一个极好的转机，他被聘为北京大学画法研究会的导师，之后又得到北洋政府教育总长、大学者傅增湘先生的帮助，甚至有了去法国留学的机会。

可是好景不长，刚出国没多长时间，内战的爆发直接断了他的经济支撑。当时他可以说是生活得十分艰辛，由于生活所迫，他每天不间断地从事10个小时以上的劳作，还给书店画书籍插图及一些散稿。

不管生活多么窘迫，他都没放弃自己的梦想。他开始临摹古代的名画，并致力于国画和油画的创作。在这种状态下，他对作画有了更全面的理解，艺术造诣不断提高，最终成为中国近代最有名的画家。

任何事情都有两面性，我们需要辩证地去看待问题，而不能只看到其中的一面，特别是不好的一面。要学会认清挫折，并从中汲取向上的能量，把挫折变成前进的动力。

挫折固然可怕，但我们不能屈服于它。困难像弹簧，你强它就弱，你弱它就强。做一个生活的强者，把握问题的主动权，以压倒性的优势去战胜挫折吧！

1.内心强大

只有强大的内心才能承受住生活的风风雨雨。我们要不怕挫折，不怕打压，不怕摔倒，分析挫折的原因，明白是哪部分的缺失导致这次失败，下次遇到同样的情况应该怎么处理比较好。中国有句古话，“失败是成功

之母”，只有正确应对挫折，才能成功。

2.有信心

人最大的敌人就是自己，如果不能打败自己内心的消极思想，那么没等到前面出现困难，自己就已经失败了。所以，我们要有信心，有底气，只有相信自己，才能挑战极限，才能战胜困难。

3.要勇敢

不要做懦夫，事事退缩；要做一个强者，勇于面对困难。有勇气才有魄力，才不会被现实吓倒。但是有一点请记住，要有勇有谋，而不是逞能。

坚强，鼓励自己挺过去

魏源曾经说过：“逆则生，顺则夭矣；逆则圣，顺则狂矣；草木不霜雪，则生意不固；人不忧患，则智慧不成。”相信这句话能够给大家带来很大的教育意义。是的，如果你平时作过观察，你就会发现树木受过伤的部位在经过一段时间的恢复期之后会变得非常坚硬。其实，人类又何尝不是呢？生命要经历不断的磨炼与敲打，才能顶住生活中的风风雨雨。

一天晚饭过后，妈妈和6岁的儿子到街心公园散步。孩子一路蹦蹦跳跳，把妈妈甩在了后面。结果，一不小心，孩子被路面上的一块小石头绊倒在地。

妈妈看了看儿子，并没有过去扶他，而是大声说了一句：“宝贝，男子汉，站起来！”可是，这时候儿子并没有站起来，而是趴在地上哭开了。

妈妈走到儿子面前，指着地面上爬行着的蚂蚁说道：“宝贝，你看这是什么？”

儿子趴在地上说：“不知道，这是什么呀？”

妈妈说：“这是蚂蚁。你看看，蚂蚁身上背着比它身体还重的东西

呢，它爬行的地面也有很多的障碍物。但是它不怕这些困难，也不会被它们吓倒。你说，蚂蚁是不是很了不起呀？”

孩子立刻说：“是，蚂蚁真了不起！”妈妈趁热打铁，说道：“妈妈相信，你也是一个坚强的孩子，你也不会被眼前的小困难吓倒，是吗？”

听了妈妈的话后，儿子似乎忘了身体的疼痛，一下子便站了起来，还一边说：“妈妈，你看我没有被困难吓倒吧！”看着儿子的表现，妈妈欣慰地笑了。

面对跌倒，孩子可以选择独自爬起来，也可以选择哭泣，然后等待妈妈的帮助。好在妈妈作出了明智的选择：让他自己站起来！仅仅是这一个小小的举动，这个小男孩便像一个男子汉一般战胜了挫折。

或许正是这一次的正确选择，为孩子的人生之路奠定了坚强的基石，将来他再次遇到困境的时候，依然能像这次一样，如同男子汉一般独自站立起来。

迪斯尼乐园以及迪斯尼卡通片，举世闻名。不仅孩子们喜欢，很多成年人也为此痴迷。可你知道吗，迪斯尼王国的创始人沃尔特·迪斯尼的经历无比坎坷。

年轻的时候，迪斯尼想成为一名艺术家，可是在一次面试中他被面试官百般羞辱，这令他非常沮丧和失望，当时的他站在大街上，身无分文，忧伤地看着来来往往的人。

随后，迫于生计，他只好先找个工作填饱肚子再说。他在学校教学作画，可是酬劳确实极少。他只好借用废弃车库做画室，作为他创作的平台。在艰难的生活中，他依然不放弃自己的梦想，把空余的时间全都用在了绘画上。

有一次，他终于得到了一个去好莱坞摄制卡通片的机会，可还是以失败告终。一切又要从头开始，然则这对他来说没什么可气馁的，他继续为自己的梦想坚持着。后来，迪斯尼再次鼓起勇气，拿着米老鼠卡通画给好

莱坞的一位导演看。导演看后大为赞叹，立即录用了他。从此，米老鼠成为家喻户晓的卡通人物，迪斯尼的辉煌之路也由此展开。

如何面对逆境是人生的一门必修课。对待逆境的不同态度，决定了不同的人生道路。大多数成功者，都视逆境为人生的宝贵经历和财富。逆境并不可怕，可怕的是不能走出逆境的阴影。

如果自己都对自己没有责任心，那么怎能在社会上有一席之地？人不能一生去依赖，坚强是我们生活在世上的一大生存法则，只有做到坚强地面对所有的问题，才能渡过所有的劫难。坚强起来，相信自己一定能挺过去！

我们的人生道路还有很长，我们没理由不坚强，没理由放弃自己。

1.练就好的心态

心态对于一个人的成长真的是太重要了，可以说心态决定一切。很多人因为吃了一点小亏而耿耿于怀，甚至有了报复的心理，这是要不得的。真正坚强、有能力的人是知道拿起和放下的，也知道去做自己该做的事情。

2.对自己笑一笑

如果你感到无助，对自己笑一下；如果你觉得害怕，对自己笑一下；如果你觉得沉重，对自己笑一下。其实，很多事情都是自己想象得比较严重罢了，好也罢，坏也罢，只要你看开了，一切问题都不是问题，关键是看自己怎么去处理。微笑一下，放轻松，然后行动起来吧。

让希望之花在心间绽放

乐观者和悲观者就像坐在人生跷跷板上的两个人，悲观者升起来时，他看到的、想到的都是不好的东西；乐观者升起来时，他看到的、想到的都是美好的东西。所以，悲观者宁愿坐在下面叹息苦恼，而乐观者则喜欢

坐在人生的高处观看四周美妙的景色，享受生命的快乐。不论何时，心存希望，终究会看到光明。

在这个世界上，总是会有一种力量来庇护那些内心存有希望的人。他们会将人们所认为的种种不可能发生的事情变为可能，即使是处在黑暗之中，也能够寻找到出路，即使是在逆境当中，也能够发挥出自己的潜能。

有这样一个故事，曾经有一个农夫，在晚上的时候他要越过山回家，可是这时出现了一个山贼，这时可把他吓坏了，他拼命跑到山洞里，可是山贼还是追到了他，山贼抢走了农夫身上所有值钱的东西，包括一个照明用的灯。山贼命令农民不许跟着自己出山洞，就这样，老实的农民就待在洞里不敢动。

这个洞真的是好曲折啊，拿着灯的山贼怎么走也走不出去，此时的他非常着急，过了好长一段时间，他的意志一点点地被磨蚀了。山贼感到生存的希望变得非常渺茫，最终这个山贼竟然倒在了洞中，再也没有出来。

那个老实巴交的农夫站在那里等了好久，才开始找出路，他撞到这里又碰到那里，把自己折腾得浑身是伤，可是不管怎样，他想着一定有出口，一定要出去。由于农夫没有了灯，他的眼睛变得异常敏锐，走了很长时间之后，他终于感觉到了洞口透来的微弱光线，黎明的阳光射进来了。就这样，他顺着光线的方向慢慢地前行，终于，他找到了出口，成功地走出了山洞。

这就是积极和消极的差距。消极的人在困难面前极易妥协，而积极的人心中永怀希望，即使是在黑暗当中，在困境当中受尽了折磨，最终也还是能够成功地实现自己的目标。

希望是心中涌动的激情，是风雨不摧的自信，心存希望就会拥有未来。面对眼前的困境，请相信：这个世界上根本没有真正的失败，只有暂时的不成功。只要你始终不放弃希望，就一定能够跨越失败，走向成功。如果心中有希望，有梦想，那就张开翅膀，去翱翔吧！

1.拿得起，放得下

不如意算得了什么，谁还没有个磕磕绊绊，拿得起，放得下，这才是我们应该懂得的道理。让自己每天快乐多一点，不是很好吗？当我们情绪不好时，可以有意识地转移话题，或者做点别的事情，如听音乐、看电视、打球、下棋、散步等，以分散自己的注意力，这样可以使坏情绪得到缓解。

2.不断为自己制定目标

朋友们，人还是应该有自己的想法和目标的，这样才活得充实而有动力。制定了目标就要去奋斗，这样才不会因为空虚而对生活失去成功的希望。久而久之，自己的每一天都会过得饱满。

3.多去鼓励自己

我们不可能每次都依赖别人的激励或者催促，很多时候，我们需要自己去面对。所以，我们要学会自我提醒，自我鼓励，为自己加油打气。相信这不仅是一种培养自信的行为，也是带动自己迈近希望的努力之举。

相信自己定能走出困境

著名诗人汪国真曾经写下这样的诗句：“我不去想是否能够成功，既然选择了远方，便只顾风雨兼程。”人生充满了风霜雨雪、坎坷磨难，在追求梦想的道路上，我们时时会遇到别人的否定和刁难，内心的怯懦也会在不经意间侵蚀着勇气。我们只有相信自己，才能战胜这一切，才能顶住一路的风雨，创造一片属于自己的蓝天。

成功学专家安东尼·罗宾曾经遇到过这样一个人，他是一个丧失自信的流浪汉，可以说生活得一塌糊涂，然而安东尼却让他在窘迫的人生中重新燃起了生活的希望。

有一天，那人进门打招呼说：“我来这儿，是想见见这本书的作者。”说着，他从口袋中拿出一本名为《自信心》的书，那正是安东尼许多年前写的。

安东尼尊敬地招呼他坐下。流浪者十分亢奋地说：“是上帝拯救了我，因为在我想要了结此生的时候，这本书出现在了我的生命里。我对人生已经没什么希望了，我一事无成，也没人喜欢我。但还好，我看到了这本书，使我产生了新的看法，为我带来了勇气及希望，并支持我度过昨天晚上。我已下定决心，只要我能见到这本书的作者，他一定能帮助我再度站起来。现在，我来了，我想知道你能替我这样的人做些什么。”

流浪汉叙述自己经历的时候，安东尼一直在观察这个人的神态、语言、外貌等，虽然一切都似乎表明这是一个不可救药的人，可是他并没有这么告诉流浪汉。

随后，他便告诉流浪汉：“或许我帮不了你多少，但是我给你引见一个人，或许他会让你重新拥有一切，获得生活的勇气。”安东尼刚说完，流浪者立刻跳了起来，抓住他的手，说道：“看在上帝的分上，请带我去见这个人！”

安东尼觉得他要用自己的能力去拯救这个人，既然他会如此激动，说明他还有那么一丝重新来过的希望。流浪汉紧跟着他的步伐，来到了安东尼的心理实验室，和他一起站在一块布前。安东尼把布掀开，眼前是一面非常高大清晰的镜子，流浪者在镜子里清清楚楚地看到了自己的全身。安东尼指着镜子说：“就是这个人。在这个世界上，只有一个人能够使你东山再起，除非你学会信任他，并且觉得他能够做成任何事情。否则，你只能跳进密歇根湖里，因为如果连你自己都不能相信自己，那么这个世界上将不会再有人相信你，你也就不能再做成任何事情。这样一来，无论是对于你自己还是这个世界，你都将是一个没有任何价值的废物。”

看着镜子里的自己，流浪汉走着、看着、打量着，不时地摸摸自己肮

脏的脸颊，蓬乱的头发，扯一下自己脏兮兮的衣服，然后后退几步，低下头，开始哭泣起来。过了一会儿，安东尼领他走出来，送他离去。

没过几天，安东尼就在大街上遇到了那个流浪汉，可是他已经完全不是原先的模样了。眼前的他穿戴非常整齐，西装革履，步伐轻快有力，头抬得高高的，原来那种不安、紧张的神态已经消失不见。他说他非常感谢安东尼先生，是安东尼让他找回了自信，让他有勇气面对生活中的一切，并且很快找到了工作。

由此可见，自信对于一个人的成功起着至关重要的作用。从自己做起，扫除沮丧，保持信心，我们需要做的还有很多。

1.心理暗示

假如你总是暗示自己这个不行，那个不行，不相信自己，那么不久你就会成为你眼中的那个一事无成的人，你会陷入恶性循环的怪圈中。如果用“我可以”“我能行”等积极的言语代替“我不行”“我做不到”这种消极的暗示，来规劝、激励自己，就会打破恶性循环中的一环，就能重新建立起自信心。

2.正确认识自己

其实，只要你整体地审视自己，就会发现自己没有想象中那么糟糕，因为每个人都有自己的优点，只是自卑或沮丧的时候总是选择忽视自己的长处罢了。我们不管外界如何打击自己，也不要过分去在意那些无所谓的言论，否则你不就真的成为别人眼中的失败者了吗？一个人要正确认识自己，了解自己的优势与不足，要学会扬长避短，这将有助于形成自己独特的自信心。人是不断变化发展的，我们需要不断更新、不断完善对自己的认识，才能使自己变得更加完美。

淡然处之，何必计较得失

有一位老师父，他的徒弟马上要学成出师了，徒弟临走之前，师父想着送给徒弟一份礼物，想了好久，决定带着他去开启一座神秘的仓库。这里面的宝贝简直是太多了，每件宝贝上都标注着非常醒目的字眼，分别是：骄傲、正直、快乐、爱情……这些宝贝每一件都很漂亮、很迷人，徒弟见一件爱一件，抓起来就往口袋里装。

慢慢地，徒弟的口袋里已经塞不进去了，于是他非常高兴地跟着师父离开了。没走多远，他发现装满宝贝的口袋越来越沉。刚走一段，他就气喘吁吁起来，而且两腿发软，脚步再也无法挪动。

老师父说道："徒儿啊，我看你还是舍弃一些吧，后面的路还长着呢！"

徒弟非常难过，他狠狠心丢掉了两个。可是走着走着，他又不得不一次次地舍弃。"伤痛"丢掉了，"自负"丢掉了，"苦恼"丢掉了……口袋的重量虽然减轻了不少，可徒弟此时已经累得迈不动步子了。"徒儿啊"，老师傅又一次劝道，"你再翻一翻口袋，看还可以丢掉些什么。"

徒弟看了一眼，还有沉重的"名"和"利"，这时他很心痛地把它们放在了一旁的草地上，再看口袋的时候，只剩下"正直""真诚"和"幸福""快乐"，这时，他感到了前所未有的轻松，他终于可以迈着轻松的步子继续走了。可是，徒弟总觉得心里少了些什么，他时不时地回头，恋恋不舍地看着丢在路边的"名"和"利"。

老师父看出了徒弟的想法，过来对他说："名和利虽然可以给你带来无上的荣耀和财富，但是，它们有时也会成为你的负担，让你无法前进。就像刚才，你若是不舍弃，最后拖垮的只能是你自己，你甚至还会失去生命。孩子，只有当你懂得放下的时候，你才能得到真正的快乐，现在你能明白为师的用心了吗？"

是的，我们的一生会遇到很多珍宝，可是我们又不可能什么能收到自

己的口袋里，这时候就要有着一种拿得起、放得下的气魄。很多时候，放得下比拿得起更能得到世人的赞许，因为拿得起是勇气，放得下是度量；拿得起是可贵，放得下是超脱。

人们常说：“举得起放得下的是举重，举得起放不下的叫作负重。”漫漫人生路，只有学会放下尘世羁绊，才能轻装前进，才能不断地超越自己，有更多的收获，而我们的人生之路也会因此变得轻松和愉快。

想要拥有快活的人生，减轻自己的痛苦与沮丧，你就要学会豁达，学会看得开、放得下。丢弃那些伤心的过往，丢弃那些烦闷的心事，丢弃那些过分的执着，少一点计较，多一点洒脱，你就会发现，想要达到身轻、心安的境界，其实是很容易的。只要我们不过于执着，不让自己过得那么辛苦，能够学会从容放下，那么自由、畅快就在眼前了。

每个人都有欲望，但欲望太多了，人生就会变得疲惫不堪。每个人都应学会轻载，更应学会放下。放下，是为了卸下沉重的包袱，让自己活得更加轻松自得。只要我们心无挂虑，什么都看得开、放得下，生活何处没有欢乐呢？

少计较得与失，学会看得开，放得下，那么你的沮丧情绪就会越来越少。

朋友们，有得就有失，放弃也是一种智慧。不要把自己过分地陷入纠结之中，否则你会非常疲惫。塞翁失马，你怎晓得是福还是祸呢？得失之间，还是看开一些更好，这样才能让活在当下的我们减少不必要的沮丧和痛苦。

第12章

远离不满情绪：欣然接受更易获得快乐

总是充满不满情绪的人经常有以下表现：对于现实，他无法接受，总是一味抱怨；拥有很多美好，但不知足，总觉得缺失很多；面对达不到的脱离实际的目标，总是消极奢望，不懂自我安慰……其实，这些不满情绪会把一个人带向更为堕落的深渊，令他体会不到现实的快乐。不满情绪是消极的，既无助于解决问题，又会对身心健康造成不良影响。因此，每个人都要学会控制不满情绪的产生。调适不满情绪的方法，大家可以从本章中寻找。

改变不了环境，那就改变自己

有这样一则寓言故事：

一只猫头鹰在森林里急促而忙碌地飞着，一旁的喜鹊看见了，就好奇地问它："老兄，你究竟在忙什么？"猫头鹰气喘吁吁地回答："我在忙着搬家。"喜鹊非常疑惑地问："这树林不是你的家吗？你干吗还要再搬家呢？"听了喜鹊的追问，猫头鹰叹了口气，说："唉，在这个树林里，我实在无法待下去了，这里的每一个人都讨厌我的叫声。"喜鹊对它的处境也深表同情，就委婉地说："你的歌声实在令人不敢恭维，尤其是在晚上，更是打扰大家，所以大家都讨厌你。其实，只要你把声音改变一下，或者在晚上闭上嘴巴不要唱歌，在这林子里，你还是可以继续住下去的。如果你不改变自己的叫声或夜晚唱歌的习惯，即使搬到另外一个地方，那里的人也还是照样会讨厌你的。"

这则故事的寓意很简单，相信大家看完后都明白其中的道理。朋友们，不要总是对生活存在那么多的抱怨，多改变自己，少埋怨环境，每当埋怨环境对你不公时，多想想自身因素，心态也就平衡了，心里也就舒坦了。改变自己，能让不满的负面情绪烟消云散。

小雪和老公阿翔结婚两年多，最近闹起了离婚。其实小雪和阿翔之间并没有太深的矛盾，有些事情听起来还让人感觉非常可笑。小雪认为阿翔身上有很多让自己难以忍受的恶习，比如，下班回到家，鞋不是放到鞋架

上，而是鞋脱在哪儿就扔在哪儿，包也是往床上随意一扔；每次做饭，总是放盐太多，饭菜不合自己的口味；每次喝完酒，总是澡也不洗、脚也不洗，连衣服都不脱，就一身酒气地横在床上呼呼大睡；从来不知道好好整理自己的东西，把家里搞得一团糟……

每次发生这样的事情，小雪都感觉不堪忍受，于是让他改掉这些毛病。刚开始时阿翔还不说什么，经常赔个笑脸，但是时间长了，每当小雪数落时，阿翔便开始还击，于是一场家庭大战便不可避免地爆发了。慢慢地，阿翔总是很晚才回家，到家后也保持沉默，两人的矛盾逐渐升级，最后发展到闹离婚的地步。

小雪回到娘家向妈妈痛诉阿翔的种种“恶行”，此时妈妈对她说：“我和你老爸过了一辈子，我也一直试图改变他，但是后来我发现，这种想法只能给我们带来更多的争执和烦恼。以后你在婚姻里要学会更多地容忍对方的缺点，婚姻中更多地需要减法而不是加法。你要试着发现阿翔身上的优点，你想想，每次只要他在家，他从来不让你下厨，工作也很上进，一心一意对这个家，工资卡也是让你保管，你要学会宽容。”

一味地改变他人只会让彼此的关系越来越糟糕，每个人都有自己的小缺点，你对别人不满，别人也并不见得对你处处喜欢，所以不要过于苛刻地对待他人，无关原则的小事我们可以忽略。

抱怨环境不好，往往是因为我们适应能力太弱；抱怨天气太恶劣，是因为我们的心情正是糟糕的时刻；抱怨别人太吝啬，恐怕是我们的心胸不豁达；抱怨别人不关心我们，也许是我们也同样没有在乎别人。因此，在抱怨之前不妨先试着改变自己，也许一切都会大为改观。

每个人都扮演着不同的社会角色，人与人之间要相互理解与包容，如果想要改变别人，应该首先从自己身上着手，改变别人是一件困难的事，但改变自己就简单多了。我们要更好地发现自我能改变的地方，从而影响别人，进而实现愿望。

1.把自己对外界的要求降低一点

人们对新环境的适应性差，大都与其事先对新环境的期望值过高、不切实际有关，当你按照这个过高的目标来执行而最终落空时，难免会产生失落感，感到事事不如意、不顺心，如此必然影响情绪，所以不妨降低一些要求。

2.谦虚一点，严格要求自己

在许多情况下，我们轻易地责备他人，常常是为了表明自己的高明，当然有时也有推卸责任的目的。古人讲“但责己，不责人”，就是要我们谦虚一些，严格要求自己，这样对人对己都有好处。当你懂得严格要求自己时，你对外界的不满也会少很多。

3.先冷静下来，想一想

当你觉得某件事不能容忍，想要表达不满的时候，请先闭上眼睛深呼吸30秒，之后再想想自己抱怨之后事情会不会改变。久而久之，你遇到事情时就不会当即发表不满情绪，而是会积极寻找解决问题的方法。

其实，每个人都蕴含着无限的能量，只是大部分人没有发挥出来而已。你不逼自己一把，真的不知道自己到底有多优秀，所以我们应该懂得挑战自己的极限，不断改变、超越自己，让自己迸发出惊人的力量，这样你才能看到一个全新的自己。

别让抱怨情绪毁了原本的美好

有些人非常喜欢抱怨，他们抱怨社会不公，抱怨家庭不和，抱怨工作不顺，抱怨遇人不淑……他们的抱怨真的是好多好多，似乎凡是进入他们生活的人或事都不能如他们的意。其实这些抱怨不仅伤了他们自身，还会伤害他人。所以，我们要抛开抱怨，化解不满。这样，我们才会明白，生

活原来这样美好。

李刚在一家汽修厂工作，做一名修理工。刚来这家工厂的时候，他们兄弟几个人都打算着能够好好积累一些经验，学好本事自己干。可是在上班的第一天，李刚就受不了了，一直在抱怨，“这工作太难受了，脏兮兮的，我浑身已经脏得没法看了”，“可把我累死了，这种工作简直是烦死人，整天做这些有什么意思”……每天，李刚都是在抱怨和不满的情绪中度过。他认为自己在受煎熬，在像奴隶一样卖苦力。因此。李刚每时每刻都窥视着师傅的眼神与行动，稍有空隙，他便偷懒耍滑，应付手中的工作。

就这样，时间在抱怨中一天天地过去，李刚在这里混日子已经两年了。当时与李刚一同进厂的三位朋友，各自凭着精湛的手艺，或另谋高就，或被公司送进大学进修，独有李刚，仍旧在抱怨中做他讨厌的修理工。

面对已经存在的问题，如果你无法抑制住内心的抱怨与悔恨，那么请你问问自己：此时我能怎么办呢？当你发现自己绝对没有能力改变时，你自然会安心地接受它。当我们接受了眼前的事实时，我们自然不会去抱怨了。

由于经济危机，公司要裁员，张扬和郑凯都被列入了解雇名单。按照公司的规定，被解雇的人员第二个月必须离开公司。张扬回家之后，发泄了一通，第二天到了公司，他逢人就抱怨：“我平时在公司这么卖力地工作，这下可好了，最能干的却要被辞掉，这算什么世道啊？”他的抱怨声越来越大，说的话越来越过分，甚至有些话的言外之意是，他之所以被裁员，是有人背后打他的小报告。他还把宣泄不完的愤怒都发泄在工作上，该他负责的工作他故意拖延，甚至对于很重要的文件也不认真处理。郑凯和张扬的遭遇是相同的，但是两个人的态度截然不同，郑凯虽然心情很沉重，毕竟这是自己工作了多年的公司，是有感情的，而且公司给他的待遇

不错，但是他没有向任何人抱怨，只想着自己离开之前能为公司多做点儿什么。于是他暗下决心，打算先做好手头的工作，再去寻找更好的发展机会。在公司里，他在工作之余也会和同事们表示一些大家以后不能再在一起工作之类的遗憾，并且，他主动搞好交接工作，以免自己走后给别人带来工作上的不便。一个月过去了，公司却只通知张扬一个人离开，人事主管的解释是："公司准备多留一个人，郑凯在要被解雇的情况下仍然能够坚守自己的岗位，能尽职尽责地完成自己的本职工作，公司需要的就是这样的员工。"

看到的是快乐，生活中便充满快乐。看到的只有不幸，生活就会变得不幸——一直着眼于自己的不幸，那么生活自然难以顺利继续。抱怨是一种习惯，习惯于抱怨就只能将自己束缚在不幸当中。多注意生活当中的美好，自然能挣脱抱怨的枷锁，过得轻松自在一些。

在我们追求幸福的道路上，总是会出现这样那样的挫折和挑战，让我们感到不如意。在面对这些事情的时候，抱怨是没有任何积极意义的，它不但解决不了任何问题，还会带来一连串的负面影响。到最后，经常抱怨的人甚至会成为抱怨的受害者。那么，怎样才能摆脱抱怨情绪，做一个积极向上的人呢?

1.用感恩的心看待生活

人生在世，总要经受很多折磨，承受各种苦难。其实，换一种眼光看世界，这些折磨对人生并不是消极的，反而是一种能促进人成长的积极因素。用感恩的心面对所遭遇的一切，反而能成就自己。大家要培养自己博大的胸怀和仁爱的精神，感谢折磨你的人和事。

2.宽容是一种人生境界

心理学家认为，一个能有效阻止抱怨发生的办法，就是要有宽容之心。宽容是一种无私的行为，宽容也是一种高境界。宽容是一种给予，如果在生活上、工作中能对自己的家人、朋友、同事和上司给予更多的理解

和宽容，那必然也会得到他人的帮助。

3.多反省一下自己

有些人遇到一点儿小事就抱怨，难道真的都是别人对不起你吗？你是否哪里做得不够好，哪里需要提高呢？这些问题，你是否注意过？所以说，多想想自己哪里需要改进，有什么地方做得有失妥当，与其抱怨他人，不如提升自己。

其实，那些爱抱怨的人并不是不优秀，也不是能力过低，只是他们的情绪比较消极而已，但这样的人是非常令人反感的。因为，抱怨不仅对自身身心有害，还会传染给他人，以致影响周围的气氛。抱怨就像用烟头烫破一个气球一样，让别人和自己都泄气。谁都不愿靠近牢骚满腹的人，只因怕自己也受到传染。

学会安慰自己的小情绪

从前有一只狐狸，它走了很远的路，已经非常饥饿，于是它到处去寻找可以吃的东西。终于，在经过寻觅之后，它看见了一片果林，果林里种满了晶莹剔透的葡萄。这些葡萄是那么娇艳可爱，看得狐狸垂涎欲滴。狐狸心想："这次终于可以饱餐一顿了！"

可是，显然狐狸高兴得太早了，因为葡萄的架子实在是太高了，它跳来跳去好多次，却连个葡萄叶都没有够到。这让狐狸非常懊恼，因为它已经筋疲力尽了，眼看到嘴的葡萄却只能放弃，任谁都会心有不甘的。然而，这只狐狸却非常会安慰自己，它一边悻悻地离开果林，一边在嘴里嘟囔着："那些葡萄酸死了，还是不吃为妙！"

上面这则寓言，相信大多数人都曾听过或者学过，其实，在日常生活中，我们不妨学习一下狐狸的这种"自我安慰"的心理技巧。很多时候，

我们会遇到一些麻烦，或者是对于某件事无法达成感到失落，又或者是遇到困难时垂头丧气，这些都会让我们的情绪糟糕透顶，如果我们能巧妙地运用一些补偿心理，让自己的心理处于平衡状态，相信我们的心情就会好转许多。

晶晶的妈妈从小就教育她不要与人攀比，但是由于家里条件差，晶晶只要与人接触，总会发现自己不如别人的地方，作对比是自然而然的事情，小小的孩子，不攀比是不可能的。

有一次，晶晶跟着妈妈逛超市，超市在地下，地上是大型的商场，一进门，晶晶就看到一个跟她，同龄的小女孩抱着一大盒芭比娃娃走了出来。晶晶很羡慕，虽然妈妈平日里总教育她，家里条件一般，不能跟别人攀比，但是晶晶毕竟处于读童话故事的年龄，每天晚上都梦见自己变成了白雪公主或者芭比娃娃。她忍不住摇摇妈妈的手，眼巴巴地盯着柜台。妈妈实在没办法，但是一套芭比娃娃要好几百，够一家人一个礼拜的生活费了，晶晶年纪小，不懂事，她却不能因为心疼女儿而冲动，于是妈妈灵机一动，俯下身子对晶晶说："宝贝，我们把芭比娃娃买走以后，王子就找不到她了。你更希望芭比娃娃陪着你还是陪着王子呢？"晶晶低头想了想，说："那还是让芭比娃娃陪着王子吧！"她回头看了看抱着芭比走的小女孩，又补充道："我才不买芭比呢，买芭比的孩子不是好孩子，她拆散了芭比和王子！"

妈妈舒了一口气，虽然这样对女儿来说不太公平，但是如果真能让孩子不再对别人拥有而自己买不起的东西眼红，也许反而是一种巧妙的办法。

很多事情，结果已经不能改变，而可以改变的是人的心情与态度。比如，打碎了精美的花瓶，你不妨说"碎碎平安"；家中被贼偷了，你不妨说"财去人安""破财消灾"。这样的自我安慰，不是比气得吐血、气得血压升高要好得多吗？

心理学家指出，烦恼是消极情绪的表现，也是阻碍我们前进的绊脚石，更是影响我们身心健康的一种“新型病菌”。我们只有减轻烦恼，才有可能排解消极情绪，告别坏心情；才有可能战胜“病菌”，获得肌体健康和心理健康。如果你懂得在烦恼的时候安慰自己的内心，那你的心情将会很快得到调整。

1.适当学习一下阿Q

有人说，阿Q精神是一种麻醉剂，它能够让原本上进的人甘愿碌碌无为。但任何事物都有光明的一面，只要合理应用，就能让人受益。例如，爱情不顺时，可以回忆一下昔日恋爱的甜蜜，并找出自己身上的所有优点，避免自己陷入自卑当中，心中的难过自然能减淡几分。

2.吃不着葡萄说葡萄酸

当我们竭尽全力追求一些东西却仍然没有得到时，不妨故意说它不好，这种看似消极的做法，对情绪调节、平衡心态有着积极的意义。比如，我们特别喜欢一件东西，但尽全力也无法得到，这时候，我们不妨自我安慰一下，想想这件东西的缺点，或者告诉自己其实本身并不需要，这样就能消除内心的难过与烦闷。

3.告诉自己“最坏也就如此了”

当你出现了害怕或紧张的情绪时，可以长呼一口气，并且告诉自己：“最坏莫过于此。”这句话会帮助你看透输赢。既然已经想到了最坏的结果，那么其他的结果就都是好结果了。当所有都变得无所谓时，心里的紧张感就会渐渐地放松，你就能够做到轻装上阵了。

一个人的快乐并不是天生就有的，需要自己去营造。若要快乐地生活，也是需要一定的方法的，就看你是否懂得为了获得快乐而想方设法。可能你改变不了眼前的这个世界，但你应该有办法去改变自己的心情。

你所拥有的，就是你的幸福

名利和财物，并不是越多越好，如果你在追求这些的时候迷失了自己，永不知足，过度痴迷，那你也不会真正地快乐，所谓知足常乐，就是这个道理。若你看不到你拥有的那些美好的现在，你就会变得越来越暴躁、苦恼。许多时候，我们之所以感觉不幸福、不快乐，多半是由于我们的不知足。

小悦在某家公司做行政工作，收入一般，但非常喜欢时尚的衣服，而且热衷于名牌。刚去公司那会儿，她才23岁，公司里的一个同事小王爱上了她，并向她求婚。小悦本不喜欢小王，但考虑到收入可以翻一番，也就答应了。

婚后的生活，虽然不富足，但也衣食无忧，而且两个人都在同一家公司，出双入对也惬意非常。但是，小悦渐渐厌倦了婚后的生活，而且开始抱怨挣得太少，甚至以小王没有本事为理由羞辱他，并扬言这样的生活缺少情趣，要离婚等。小悦希望得到名牌的衣服，出入名流会馆，和上层人士谈论时事……

就在那个时候，一个比较风流的花花公子阿豪走入了小悦的生活，阿豪垂涎于小悦的美貌，了解到小悦的家境后，感觉有机可乘。而小悦也正在为小王的“无能”发愁。两人一拍即合，各取所需。

世上没有不透风的墙。小悦的老公小王得知了此事，愤怒地责骂她，并最终与她离婚。

小悦更加无所顾忌，对于阿豪的要求也越来越高。小悦不满足于已有的生活，她要求更高更具品质的生活，希望像公主一般出入舞会，然后和富太太们一起品尝咖啡。而阿豪本来也只是爱慕她的美貌，看到她要求如此高，不免有些后悔。阿豪开始躲着小悦，最后，在小悦的世界里消失了。

小悦的生活又重新回归了正常，而此刻，她连自己的家都丢了。

拥有既是财富，更是幸福，可生活中偏偏有些人，对拥有的不知道珍惜，对没有的总在渴盼，而得不到时又心生抱怨，像这种人是无法真正地享受生活的。所以，从现在开始，盘点你拥有的东西，并珍惜所有。

人之所以痛苦，就是因为追求错误的或者对自己而言不重要的东西。如果我们只是忙忙碌碌地追求而无视身边的美好，那么幸福也会远离我们。所以，有时间静下来的话，不妨想想，什么才是你人生中真正需要的东西。只要我们珍惜拥有的，那么我们就是富有的、快乐的。

朋友们，过去的已经过去，现在的一切也终将成为过去，我们所能做的，只有珍惜现在的拥有，而不是沉湎于失去中。“塞翁失马，焉知非福”，也许我们正在失去的是现在短暂的欢乐，也正是未来长久的痛苦。习惯失去，珍惜拥有，不论是曾经、现在，还是未来。

人生没有彩排，每天都是现场直播。假如你经历过病痛的折磨，你就会认识到你往日拥有健康时是多么幸运与快乐，你也就不会再抱怨你缺失了什么。朋友，未来不可知，你唯一能做的是珍惜此刻生命中所拥有的一切！

1.不要过度地索求一些东西

我们总会索要很多的东西，无论是精神上的还是物质上的。有些东西要拿得起、放得下，有些东西得不到也不要强求，自己要懂得生活，这样才会觉得生活很幸福。当你不幸时，不要埋怨生活，更不要抱怨生活。只要没有太多的奢求，平淡的生活就是一种难得的幸福。

2.停止你对现实的抱怨

当人们抱怨时，失去的不仅是勇气，还有朋友。谁都不喜欢牢骚满腹的人，因为谁都怕自己受到传染。失去了勇气和朋友，人生会变得很难。人生中有许多简单的方法可以令我们快乐地生活，所以停止抱怨便是其中的真谛之一。

3.羡慕他人，讲求“度”

不要羡慕别人，因为别人的幸福是别人的事，跟自己一点关系也没有，羡慕别人只会让我们越来越忧愁，越来越烦恼，越来越痛苦，然后开始自怨自艾，怨天尤人，逐渐磨蚀自己的优点，滋养嫉妒的情绪，衍生见不得别人好的心态，最后变成自己最讨厌的那种人。

“曾经有一份真诚的爱情放在我面前，我没有珍惜。等我失去的时候，我才后悔莫及。如果上天能够给我一个再来一次的机会，我会对那个女孩说三个字——‘我爱你’。如果非要在这份爱上加一个期限，我希望是‘一万年’。”——当你看到这段话时，是否想到你此刻的所有，是否觉得，拥有当下，其实就是一种幸福。

接受现实，走出失败的旋涡

失败无处不在，就像是我们生活中的一部分，所以我们无须过多介意。其实，古往今来，那些有所成就的人都经历过大的失败，他们之所以成功，就是因为他们不怕失败，能够坦然面对失败。面对人生的许多挑战，许多坎坷和陷阱，有谁能保证不输？跌倒了并不可怕，可怕的是没有站起来的勇气。能够真正成为卓越领导的人都是那些能够正视失败、超越自我的人。

邢亮刚进入销售行业时，由于缺乏经验，表现得很差。当公司将一个新客户交给他，让他去拜访时，他几乎不敢与客户对视，对客户提出的问题也回答得结结巴巴，紧张得连衬衫都被汗水浸湿，手掌心也全是汗。可以想象，这样的拜访有多么失败。后来，邢亮虽然对业务熟悉了，但是仍旧没有什么成绩。

一次次失败让邢亮对自己以及对这份职业产生了质疑，他感到非常气

馁，不知道怎么面对以后的工作，那段时间，他似乎有种破罐子破摔的状态。当时，有位非常有经验的老领导找邢亮谈了谈，告诉他做人做事要懂得接受失败，接受现实，不要因一时成败就心烦意乱，找不到方向；要懂得战胜自己，战胜现实，不要把失败看得太重，也不要让自己的情绪过于敏感……

从那之后，邢亮对自己作了一番新的调整，他从老领导那里学到了很多宝贵的经验，也作了一番深刻的反思，他明白了自己应该如何去做。

在随后的销售工作中，邢亮总是不停地对自己说："假如这次失败了，也没有什么大不了的，总有一天我会成功。"同时，邢亮还认真制订了销售计划，思考要实现这些计划所应掌握的知识，然后利用业余时间尽力去补充这些方面的知识。

为了成为一名优秀的销售员，邢亮兢兢业业地工作，不断进行自我补充和自我完善，深入了解公司相关产品的长处和短处。逐渐地，他能够从容自若地面对客户了，并能够与客户进行比较深入的沟通。

有一次，公司遇到了一个大客户，其他同事因害怕失败丢了面子而没有接这单生意。邢亮自告奋勇去完成这一任务。在与客户沟通的过程中，邢亮完全放下心理上的包袱，全身心地投入到工作中去。功夫不负有心人，邢亮的努力最终换来了胜利，签约成功了，这使他更加信心百倍。

此后，邢亮的业务能力飞速提高，为公司赢得了越来越多的客户，成为一名优秀的销售员。

每个人都希望成功，但是在追求梦想的过程中，我们总会遭遇挫折和失败，甚至可能变得一无所有。失败是常事，重要的是如何看待和应对失败。勇敢的人能接受失败，把失败当作成功的阶梯；而有些人则被眼前的失败压垮，在失意中消沉，最终一蹶不振，一事无成。

不要对失败有偏见，它也有好的一面，它能带给你经验教训，给你一定的警醒；它也能打压你的自满，让你更为谦虚，用心争取更高目标；它

还能给你一定的磨炼，让你的意志更为强大。所以，当我们遭遇失败时，不要逃避，也不要自暴自弃，而应该勇敢地正视它，并吸取教训，努力归正自己的言行。

1.懂得倾诉心中的不满

将你的痛苦向你认为值得的对象倾诉。研究表明，适度倾诉，可以将内心的痛楚转化出去。如果倾诉对象具有较高的学识、修养和实践经验，将会给你适当抚慰，鼓起你奋进的勇气，并引导你朝正确的方向前进。

2.要有走出失败的信念

信念，是我们冲锋的战旗，是我们斩断荆棘的利剑，更是我们力量的源泉！不论在哪里蒙受失败，我们都要带着从容的态度，迈着坚实的步伐，去履行自己的人生誓言，去实现自身的价值。把失败写在背面，相信自己一定能成功！

3.调整心态，自我鼓励

失败不是结果，只是一种暂时的局面。当事情“搞砸”的时候，不要立刻为自己贴上“失败者”的标签。你越想象自己的糟糕，越可能变成糟糕的样子。如果失败了，不妨对自己说：“没有什么了不起。”失败只是拦路石，找准“翻盘”的点，也许就能走出困境。

面对现实，不是让你束手就擒，只要有机会，我们依旧需要努力！但是，如果局势已定，你也无须耗费精力，沉溺其中，因为这是懦夫的表现。要敢于接受不可避免的事实，唯有如此，才能在人生的道路上掌握好平衡。

用心品味平淡中的快乐

也许很多人觉得，生活就必须要热烈而奔放，要每天活得充满激情、

五彩缤纷，要时刻迸发力量。但是，现实生活中并非人人都如此奔放，不同的际遇造就了不同的人生。而那些平淡生活所组成的画面，才是人生中最绚丽的色彩。

张友下班后约老同学李晨一起出去喝酒，结果李晨却说，不想去，没心情。张友见他满脸的不愉快，就问：“咋的了，兄弟，老天没有下雨啊，你怎么阴沉着脸，一副不高兴的样子？”

李晨闷闷不乐地说：“怎么可能高兴地起来呢，原本是我的位子，现在坐上别人了！”

原来李晨在公司竞争一个经理的位置，他花了很多心思，各项业绩也很好，但还是未能竞争上。

张友笑着说：“哎呀，就这点儿事啊，没什么大不了的，你还年轻着呢，以后继续努力。淡然一点，想开些就好了。走吧，一起喝酒去。”于是张友拉着李晨去了酒吧。张友说了很多安慰的话，李晨才算好了一点。

大概一个月之后，张友在回家的路上偶然碰见了李晨，发现李晨比以前瘦了很多，而且脸色蜡黄，像是生过一场大病。张友关切地询问：“哥们儿，你这是怎么了，怎么几天没见你变化这么大，是哪里不舒服吗？”

李晨说：“你说我多亏呀，我下了那么大的功夫，勤奋、努力、不休息，什么事都抢着干，可是这回连部门经理我都没被选拔上。你说我在这公司里还有个什么奔头啊？”

张友安慰他说：“别多想，稍微看淡一点吧，再说，你现在也不错，当着主任，薪酬也很高，在公司也是重量级人物，别人比你资历老，上了是应该的。”

谁知道李晨竟然向他大声吼道：“你知道什么啊，我付出的这些我容易吗？凭什么资历老就应该把我踩到后面啊？我可不想那样平平淡淡，我要活得精彩，活得壮观！我要往上升，往上升！你知道我的内心吗？”

李晨气愤地走了，弄得张友怔怔的。从此以后，张友很少再见到李

晨，后来居然听说他已经精神失常，被家人送进了精神病医院。

生活，并不是只有功和利，尽管我们必须去奔波赚钱才可以生存，尽管生活中有许多无奈和烦恼，然而，只要我们拥有一颗淡泊之心，量力而行，坦然自若地去追求属于自己的真实，就能做到宠亦泰然、辱亦淡然，有也自然、无也自在，如淡月清风一样来去不觉。仔细想一下，其实这样的生活是非常快乐的、阳光的，也会引导你变得更为积极。

朋友们，宁静淡泊的心态会让你越发充满修养，它能让你在物欲纵流的社会中保持自我，保持本真，保持宁静。有一颗平淡如水的心，你就不会轻易被琐事烦忧，你就会活得淡然、洒脱、自信，从而获得心灵的充实、丰富、自由、纯净。

1.不要一味地进行攀比

在生活之中，人比人气死人，你好还有比你更好的，你精彩还有比你更精彩的，总有人能把你比下去，也许你的平淡正是别人眼中无法得到的精彩。我们要学会用一颗平平淡淡的心去看这个世界，然后你会发现幸福无处不在，看似平淡的生活其实是一种宁静、淡泊、从容和美好。

2.懂得享受生活的惬意和温暖

你可以在工作的同时抽出一些时间，去陪陪家人，去逛逛超市，去书店转转，去大自然中走走。要么给朋友打个电话，叙叙友情；要么泡一杯香茗，一边慢饮一边欣赏优美的乐曲、火爆的电视剧、皎洁的月光……那该是多么惬意啊！

3.善于从生活中发现幸福

生活中有很多的无奈和艰难，我们要善于从生活中发现幸福，在幸福中寻求感动，这样就能保持一份内心的平淡。平淡的生活看似无聊乏味，其实不然，只要你细细品味，就会发现，平淡的生活可以让人减少烦恼和焦虑，是人生的一种享受。

幸福与身外之物并无绝对关联，幸福在于你的心态。一个人即便腰

缠万贯，但若他不懂满足，那他也不会幸福。朋友们，不管你在任何处境下，只要端正自己的心态，学会把握、学会满足、学会感恩，生活就会幸福。

第13章

给负面情绪找一个出口：让坏情绪释放出来

如果有负面情绪发泄不出来，那么久而久之定会对身心造成极大的影响，所以我们需要学会释放情绪。不开心的时候，不快乐的时候，情绪紧张的时候，我们不妨积极主动地调整自己，唱唱歌，出门旅行，做做运动，都是不错的选择，给负面情绪找一个出口，释放一下自身的压力，还身体一个清爽空间，才能真正地享受到生活中的乐趣。

让烦恼找到发泄的空间

气大伤身，这个道理大家都懂，闷闷不乐或者憋屈着不懂得发泄情绪都会对我们的身心造成极大的危害，因此我们要懂得去合理宣泄自己的情绪。

生活压抑这一问题在如今的社会已经越发普遍，人们的情绪也或多或少地受到影响。坏情绪不可避免，时间久了就会造成一定的心理压力；压力若是过重，则会导致心理失去平衡，进而诱发各种身心疾病。许多人都曾有过这样的体会：当自己被不顺心的事情所困扰时，身心两方面都会感到很不适，甚至会因此而生病。此时，我们如果能够通过理性的方式和恰当的途径将心中的负面情绪宣泄出来，便会觉得神清气爽、轻松不少。因此，我们在日常生活中被烦恼困扰时，不妨进行理性的宣泄，及时将心理压力释放出来，这样对身心健康是大有裨益的。

去“出气室”宣泄情绪是一个很好的方式，现在已经渐渐地被人们广泛应用。日本松下对于员工情绪问题比较关注，公司在这一方面也作出了很多的努力。他们为了让员工能够很好地宣泄情绪，在各处生产基地都设置了专门的“出气室”。他们为员工提供一些橡皮人，如果员工在工作和生活中感到烦闷、压抑，可以走进这间“出气室”，在里面发泄自己的坏情绪，尽情地释放自己。比如，可以对着橡皮人大喊大叫说出自己的委屈，或者以练拳击的方式来发泄自己的苦闷，通过这样的方式达到宣泄自

己坏情绪的目的，这有利于员工以更加放松的心情投入到工作中。

经研究发现，如果消极情绪长时间积蓄体内，便会严重影响人的身心健康，此外还会对工作造成很大的影响，甚至对自己的人际交往和家庭和谐造成很大的影响。所以，心理学家告诫人们，千万不要把压力、烦恼和郁闷“存放”在心中，以免越积越多，甚至引发连锁反应，造成难以收拾的后果。如果能够及时而不失理性地把心中的怨气和不快宣泄出来，既可以有效地缓解精神紧张、调整情绪和心情，也更利于人们精力充沛地投身于工作和学习中。

这种“出气室”宣泄的方式不仅在公司被广为利用，在学校中也经常出现。据了解，不少中学已经设立了心理宣泄室，里面有“出气墙”、拳击袋等一些设施。如果学生在学习生活中感到不愉快或者学习压力过大，都可以利用“出气室”来释放自己的情绪，缓解内心的压力。一般情况下，那些心理负担大或者面临升学考试的学生来宣泄的比较多，他们或者用喊叫的方式一吐为快，或者出拳痛击一番，而后再经心理辅导老师的开导，心情就会好许多。但是对于青少年来说，这种倾诉也要合理利用，而不要把它看作一种暴力。对于设立宣泄室，有同学认为此举很好，也有同学不屑一顾，因为在你摔打出气时，总要把它想象成某个人——同学？老师？家长？似乎都不太好。建立这样一个心理情绪“发泄室”，对于调节情绪是一个合适的途径，可供已有不良情绪的学生尽情发泄，但是也要进行相应的心理疏导，务必保证学生的心理健康。

总之，宣泄是一种方式，对人身心的释放有着重要的作用，但是，宣泄的同时一定不要忘记最重要的是进行自我调解。

沉浸在幸福与欢乐中，这是一种享受，也是生活的一个欢快面，但是生活不只有这一面，我们也需要体验生活的另一面，也就是现实中不尽如人意的一方面。所以，当我们遇到烦忧的时候，能够懂得去自我调解、排忧解难也是一门学问，理性宣泄就是其中不容忽视的一个重要方法。学会

理性宣泄是人格的一种升华，这不仅对我们的身心健康大有裨益，而且能帮助我们拥有好心情，使生活更美好。

让压力在睡眠中得以缓解

良好的睡眠是保证充足精力的基础，也是确保身体健康的前提。早起早睡不熬夜，养成良好的作息习惯对于缓解精神压力有着很好的作用。睡眠是最好的保养方法，也是新陈代谢活动中重要的生理过程。所以我们要美美地睡好觉，让坏情绪在梦里被化解掉。

对于睡眠的功效，相信大家都有所了解。比如，能缓解疲劳，恢复脑力，让人保持好的精神状态等。除此之外，睡眠还能让人的精神压力得到很好的缓解，使人恢复良好的精神状态。反之，如果睡眠不足，则会出现一系列不好的征兆。比如，白天的时候迷迷糊糊无法进入工作状态，情绪不好，容易焦躁不安，注意力难以集中，体力不支等。高强度、持续不断的压力，使人的大脑长期处于高度紧张状态，长期得不到充分休息的大脑，影响着自主神经系统，影响着内分泌系统，会导致人体生物钟混乱，内分泌失调，电解质紊乱，胃肠功能低下，心律不齐，种下各种疾病的祸根。

即便睡眠对人的身心健康有着如此重要的作用，好像也并没有引起人们多大的重视，生活中很多人依旧在用睡眠的时间去做一些对他们极为“重要”的事情。根据一项全国调查显示，有65%的管理者在“每天压力程度”中表示“感觉身体有些疲劳”，更有35%的被调查者表示“压力非常大，每天醒来就想休假”。同时，在“每天睡觉的时间是否能保证8小时”的调查中，有36%的受访者表示，能保证6至7小时已经非常满足，仅有不足10%的成年人表示每天睡眠时间在7至8小时。不仅睡眠时间是个问

题，睡眠质量也一直困扰着很多人，在受调查的人员中，有过半的人表示自己在睡眠中经常出现失眠及无法进入深度睡眠的症状。有一种现象非常显著，相对于那些睡眠时间较多的人来说，睡眠少的人精神压力明显较大；而越是精神压力小的人越容易入睡，越是精神压力大的人越不容易入睡，特别是从事IT、信息管理和文字等工作的脑力劳动者，由于平时用脑过度、压力过大，加之长期心理压抑等，经常受入睡困难、易醒、多梦、早醒、醒后不易重新入睡等失眠问题的困扰。

对于压力与睡觉两者之间的关系，以色列研究者曾作过这样的调查：以36名22岁至36岁的成人为调查对象，并让这些成人在压力高峰期下接受评估，他们按压力处理法分成两组，结果发现，倾向忧虑者会减少睡眠时间，相反的，那些懂得疏导情绪者，睡眠非但没有减少，反而增加了。

可见，情绪对睡眠质量有着重要的影响，因此，研究人员建议，在临睡前一定要调整好自己的情绪，使心情平静舒畅，尽量不要去想不开心或感到气愤的事。另外，建议人们尽量养成良好的睡眠习惯，以保证自己的睡眠质量。

释放内心，大胆说出你的心情

很多时候，我们会出现这种情况：将负面情绪憋在心里，不想与人交流，时间久了，就愈加地烦闷、压抑，以至于不断堆积，对身体和精神产生不好的影响。其实，如果我们能够做到把内心的烦闷倾诉出来，而不是自己纠结、痛苦，那么就能很好地预防心理问题。据心理学家研究发现，人们心灵上的创伤以及由此引起的幻觉、梦魇、焦虑、攻击和抑郁，都可以借着对朋友、家人、心理咨询师的倾诉而减轻，甚至彻底消失。

倾诉，能够把人们心中堆积下来的污垢慢慢地清理掉、排除掉，能

将人内心的烦闷化解掉，久之，人们的内心就会变得更为干净、澄澈。若“心灵结石”郁积得太多，心灵就不堪重负了。人类百分之七十的疾病来自心理，心理学家已证明，倾诉可以使人心灵舒畅、可以帮助我们保持健康的心态。

一天夜里，李航从他居住的那座小城，给老同学张扬打电话。听到电话里李航朗朗的笑声，张扬回想起半年前那个风大雨急的夜晚。

李航是张扬的中学同窗，几分之差，他与高等学府失之交臂；结婚短短两年时间，爱妻便身患绝症撒手人寰；紧接着，单位裁员，李航又失业了……

一个冬夜，李航把泡好烈性鼠药的杯子放在桌子上，在准备告别人世前，突然想起要和同窗好友作一番临终诀别。得知李航在放下电话后就要自绝，张扬紧张得手足无措。

强忍着恐惧与紧张，张扬听李航侃侃而谈。李航从昔日读书时的友情，步入生活后的艰辛，到如今面临的生活困境……倾诉到泣不成声。张扬除了“嗯、喂”回声，就是用心倾听。最后，李航颇为动情地对张扬说：我不小心将那杯鼠药打翻了，看来我得另找别的方式了……让张扬不敢相信的是，短短的一次倾诉，竟让一个人对生死作出了重新选择，李航像换了一个人似的，重新开始生活真是让人不可思议！

从案例中我们可以看出，倾诉是一种自我保护、自我平衡的手段，是一种正常的心理防卫机制，借助倾诉，人们可以将心中的挫折、愤怒、恐惧、焦虑等以无害的方式释放出去，而不至于危害他人。生活中的很多悲剧都像上述例子中的李航一样，是心理能量压抑的结果，不善于表达、倾诉的人，心理能量的集中宣泄常造成毁灭性的结果。

同样还有一个关于不懂得倾诉导致悲剧产生的故事，事情发生在北京市崇文区郭庄北里。19岁的青年孙某砍死了自己的亲生母亲和奶奶，又打电话叫回父亲，将父亲砍成重伤。为何会发生如此人间悲剧呢？

事后记者调查发现，孙某从小不爱说话，很内向。父母对他期望很高，他未能满足父母让他考上大学的期望，父母唠叨、教训他，他也不和父母争吵，一声不吭。长期的压抑，终于造成他心理扭曲、变态的恶果，使他心中的能量一下子爆发出来，造成了家庭的毁灭。邻居们说，如果家长能及时和他交流、沟通一下，让他把心里话说出来，惨剧可能就不会发生了。

所以说，当我们遇到不开心的时候，一定不要自己钻牛角尖，要学会倾诉与宣泄。可以找个靠谱的、知心的朋友说说心中的苦闷，这样心里就会好受一些。或许对方的劝慰并不能够起到多大的作用，但是这种宽慰和关怀能给你带来一定的力量。重要的是你在诉说的过程中把自己的愤怒和烦闷一股脑地宣泄了出来，这样不良情绪便很好地发泄了出来，事后心里也就不再那么压抑与痛苦了。

学会倾诉，能更好地减轻心理压抑；学会倾诉，才会让心理状态更加健康与轻松。总之，卸下心里的包袱，把内心的不快都宣泄掉吧！

心里的包袱越重，内心就越加烦闷，适时地清理一下，还是非常有必要的。但是倾诉也有很多讲究的。

1. 注意倾诉场所

不要把任何地方都当作自己倾诉的场所，否则你会让人觉得反感。最好选择在家里或者一些比较休闲的场所，千万不要在办公场合宣泄你的不快。大家都知道办公室里是非多，再说你在办公的地方诉说自己的不快也会影响他人的工作，容易引起众怒。

2.切忌啰唆

啰唆太多了，就没有人愿意听了。一件事情整天说来说去，就算是你的好朋友也会听烦的。所以说宣泄也要懂得把握好度。

3.不要什么话都说

“言多必失”“祸从口出”，相信大家都明白其间的道理。向人诉说

苦恼时一定要有底线，对于有违社会公德的话，会对他人造成伤害的话，特别是有人身攻击的话，一定要谨慎，以免自己一不小心触犯法律，犯诽谤罪。

4.找准对象

心中有苦恼不要逢人就说，一定要找自己信得过的并真心待你的人诉说心中的苦恼，以免令自己陷于更尴尬的境地。

偶尔，我们也需要“吵一吵”

我们都知道吵架会影响生活，影响身体健康，有着很多消极的影响。这些确实都是事实。但是，我们不知道的是，适度的争吵也有好的一面，那么这是怎么回事呢?

关于吵架的例子很多，特别是涉及夫妻关系方面。有种夫妻，当人们看到他们时，总是呈现出夫妻情深、相互尊重的一面。他们从来不会争吵打闹，周围人提起他们时总是翘起拇指夸赞“夫妻楷模”。忽然某一天，两人分家、离婚，跌煞周围人的眼镜！这时他们会说，早已没有感情，强合不如快分，省得受罪！还有一种夫妻，家庭战争从未停歇，摔锅砸碗肉体搏斗，出门脸上还挂着淤青，人人给他们算命“早晚得离”。只是谁都没算准，人家吵闹一辈子，最终还是没有离。他们说，虽然吵了打了，但感情还在，离婚觉得不忍心！

其实，研究显示，适度的小吵架是可以降低离婚率的。一些所谓的家庭战争可以很好地排除内心积郁的不快，平时压在心里想说但不好说的话在吵架时一股脑倒出来，心里会觉得特别痛快！发泄过后，人的心境会宽松许多。

很多时候，那些情绪比较外露的人大都比较直爽。他们不善于隐藏自

己的情绪，没有太多复杂的心机，发完脾气之后一般就会忘记，不会在心里过分计较。那些从来不吵架的人大多属于内敛型性格，爱在心里较劲，即便有了不愉快也往往不爱表达出来，他们喜欢在心里给自己加压，在婚姻关系里，当所有压力只进不出时，这样的婚姻还能维系得长久吗？心底里有了隔阂，难道不是最可怕的吗？

生活中，我们总希望与他人和睦相处，即使遇到矛盾，受了委屈，我们也独自承受，因为我们不想争吵，不想影响人际关系。而这样做，其实问题并没有解决，长此以往，我们内心的不快会因此积压，不利于身心的健康。实际上，我们一直避免的争吵是一种快速解决问题的方式。争吵，至少证明我们都有解决问题的愿望，而这正是沟通感情、表达内心需求的一种方式。当然，争吵时我们也要注意度的问题，不要一吵架就大发脾气、大动干戈。

很多小夫妻都是在结婚后由浪漫步入日常生活时发生争吵的。琳琳就是一个例子。结婚已经不知不觉四个月了，当初认识的时候源于一次同学聚会，当时同学牵线，两人很快就步入了恋爱阶段。她对这个男人实在太满意了，他长相非常英俊而且事业有成，可以说是一个高富帅，以至于他在向琳琳求婚时，琳琳想都没想就答应了。可婚后不久，琳琳对当下的生活产生了反感，琳琳发现，她一下子由一个美丽的女人变成了整天和锅碗瓢盆打交道的妇女，每天都要面对丈夫的臭袜子。最可恨的是，丈夫是个大男子主义者，他希望琳琳什么都听他的，这哪里是琳琳的风格？于是，吵架开始了，一气之下，琳琳带着怨气回了娘家。

刚到娘家坐下没多久，琳琳就一件一件地把所有的委屈通通发泄了出来。这时，在一边看新闻的爸爸就转头跟琳琳谈了起来，他对琳琳说：“你这傻孩子，别动不动就说离婚，夫妻双方吵架是很正常的事，小李人不错，你在路上的时候，他就打电话来了，还跟我们道歉。只要没有原则性问题，吵吵架也没什么啊，越吵越热闹啊！”

爸爸刚刚把话说完，琳琳扑哧一声笑了："合着您的意思就是鼓励我们吵架？""那肯定不是嘛！我的意思是，你别还像没结婚时一样，希望周围的人都围着你转，男朋友哄，爸妈疼着。结了婚，你就为人妻了，要调整好心态，不要动不动就提离婚，说多了会伤害夫妻感情的。再说，吵架了，你们就知道问题的症结了嘛，回去和他好好谈谈。"父亲的话似乎很有道理，琳琳听完后，就收拾了东西，洗了把脸就回家了。

这则案例中，已为人妻的琳琳因为和丈夫吵架而回到娘家，但最终被父亲劝服。的确，那些感情好的夫妻，也并不是不吵架，他们通常都会本着以解决问题为目的的原则去吵，并把握好度。

我们都知道吵架是会影响和谐的，这里我们建议的是"适度吵架"，而不是天天吵闹。如果整天无理取闹，那么不仅影响和谐，影响感情，还会严重影响我们自己的身体健康。而如果我们凡事都憋在心里，有了矛盾或者误会也不懂得说出来，这样对彼此也是无益的。因此，我们就要懂得好好把握吵架的这个度。争吵，至少表明我们都有解决问题的愿望，这正是沟通感情、表达内心需求的一种方式。适度吵架是一种情绪的宣泄，在宣泄的过程中，彼此也能够了解对方的心理，懂得在以后的交往中注意对方的情绪；同时，适度吵架也是避免产生隔阂的一种好的方式。

放松自己，迈开脚步去旅行

有句话说得好，"身体和灵魂总有一个要在路上"，是啊，有人喜欢读书，在书中畅游感悟，有的人喜欢旅行，在途中释放自己。不论现实的压力有多大，我们总要去学会为自己的负面情绪寻找一个出口，去释放，去欢歌，去宣泄。不要压抑自己，在途中抛却忧郁，积累欢乐，让烦恼随行程的前进而烟消云散吧！

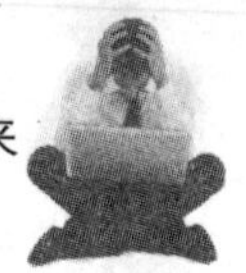

如今社会人们承担的压力越来越大，一般主要包括工作压力、经济负担和健康状况。此外生活中很多琐碎的事情也牵制着人们的情绪，因此人们的情绪难免变得焦虑不安。于是很多人也纷纷开始寻找解压的好方法，以望让心灵恢复到最初的宁静与舒适中。

利用自然风光来疗伤的故事有很多，朱莉娅·罗伯茨主演的《Eat Pray Love》就是其中一个。故事主要讲述一位离婚的女人在意大利、巴厘岛、印度一站又一站地走过，终于在一年的时间里重新找回了自我。或许对于旅行来说，它最好的、最有意义的一面就是能让人重新找回本我的存在。《心理月刊》主编胡慧嫚女士说，“旅行真正的意义，不在于你问了城市哪些问题，而在于城市问了你哪些问题。在纽约，整个城市用大街上一个又一个自我风格清晰的路人问我，为什么不做你自己？”我想，在旅行途中，寻找到自己，定位好自己，做好自己，从而成就一个成熟的心智，当是旅行给我们最好的礼物。

现代的人其实很喜欢用旅行来放松自己的身心，短至周末，长至长假，各大景点都能看到来来往往的旅行者。他们或者选择去一些农家小院体验田园生活，或者去一些自然景区欣赏祖国的壮丽山川，到一个陌生的地方、一个生动而新鲜的地方，彻底地放松、彻底地做回自己。其实，旅行对于人的心态有着很好的平复作用，它能平衡你的欲望和心态，找回你对幸福的感知能力。很多年轻人比较喜欢和亲朋好友一起自驾车旅行，也有的人喜欢自己骑单车去未知的远方，一路前行，一路洒脱，释放最纯真的自己。在旅行中，人们很快就会忘记自己的不快乐，忘记生活的压力，完全地融入到自然中，放飞自己，如孩子般尽情，这是一种忘我，这也是一种洒脱。

在旅途中缓解压力、释放自己是一个非常不错的选择，这种方式自古以来便备受人们喜爱，许多古籍都有记载。很多在官场上不得志的人都喜欢寄情山水，他们借自然美景忘却烦忧，在风景中抒发自己的情感，释放

内心的不快。李白、陶渊明、王维、苏轼等都是其中的代表人物。人在大自然中，心胸会变得开阔。在高山之巅、大海之上、沙漠之中，人会感到自己特别渺小，内心的压力和失意也会淡化许多。而且美好的风景会激发人们对生活的热爱，会让我们知道，生活中还有诸多美好的事情。旅行真的是一种很好的减压方式，在自然中人们容易放松身心，抛却烦忧，如果不懂得释放，一味地去封闭自己的心，我们就很难走出忧伤的困扰。

迈开你的脚步，去远方，学会旅游，学会疗伤。让自然的美景带给你更加充沛的力量。

旅行减压方式多种，这里简单介绍几种。

1.登高望远

登山的过程，是一个不断征服的过程，也是一个开阔眼界的过程。因此，无论是周末，还是闲暇时间，我们都可以约上几个朋友，去大山里走走，去感受另外一个远离尘嚣的世界。当然，一定要注意安全，最好不要一个人登山。

2.野外生存

野营，顾名思义就是在野外露营、野炊，这是一种锻炼生活技能的好方法，并且，在相互合作的过程中，人与人之间的关系也会变得亲密起来。露营者通常携带帐篷，离开城市在野外过夜，度过一个或者多个夜晚。露营通常和其他活动相联系，如徒步、钓鱼或者游泳等。

3.陶醉于自然风光

祖国的壮丽山河让人陶醉，让人迷恋。欣赏美景的过程，也是扩大胸怀的过程。如此壮阔的山河，如此美的自然景观，容易解忧，容易忘愁。忘情于山水之间，融入其间，把烦忧通通地抛却吧。

行动起来，甩去眉头的乌云

“生命在于运动”这句话我们应该非常熟悉，从这句话中我们也可看出运动对于人们的身心健康乃至整个生命有着极为重要的意义。那么，运动到底有什么具体好处呢？很多人都知道运动可以加速血液循环，增加机体免疫力等。但你是否知道，运动亦可以解忧？比如，抑郁症病人摆脱困境就离不开运动。

其实，有些人对于这个观点并不是完全赞同。他们觉得心情好的时候有精力去活动一下，而心情不好的时候根本没那闲情逸致去运动。可是事实却不是这样，运动可使你暂时不去想沮丧的事，并产生快感。看过外国影片《阿甘正传》的朋友都知道，阿甘喜欢的女人走掉后，他便开始跑步，天天不停地跑。阿甘自己说他跑步没有理由，就是想跑，实际上是因为跑步减轻了他的沮丧情绪，而也正是他跑步的执着精神感动了女友，使其回心转意和他重归于好。

所以，心情好的时候可以参加运动，作为休闲娱乐活动；而心情烦闷的时候也可以去运动，以此放松心情。让自己快乐起来的方法很多，同样，运动也有很多方式。跑步、钓鱼、登山、骑马……只要你喜欢，做什么都可以。

此外，运动就是运动，要抱有单一的目的，就像电影《阿甘正传》里的阿甘那样，想跑就跑，不是为了引起谁的关注，也不为得一些奖励。比如，没事时去打篮球，最好把它看成是一项休闲活动，打球本身并不是目的，所以不要太看重比赛结果，否则便会平添许多烦恼，达不到放松的目的。若是将目光集中在输赢上，那一点小小的失败都会让人产生挫折感，如此一来，运动反而成为紧张疲倦的诱因，达不到休闲娱乐的效果。

其实，生活中很多运动都能起到放松自己、释放压力的作用，我们应该懂得利用这种方式来调节自己的情绪。

平日里多去与朋友聚一聚，一起聊聊天，或者出去骑行，或者一起出去野餐进行一些户外活动，带上棒球、篮球或者羽毛球，在野外进行一场比赛。此类团体比赛是提升情绪的助推剂。在相互嬉戏、交流和支持中，孤单和消沉的状态会烟消云散。

游泳不仅有助于塑造完美的身材，它还能缓解人们的情绪。在浮出水面又潜入水里的过程中，还可以通过平稳的节奏来平静心态。同时，游泳有助于消除紧张不安的情绪，因为15分钟的蛙泳在消耗我们体力的同时也牵扯着我们的注意力。这样，我们不会再考虑生活中遇到的困难，睡眠质量也将随之提高。

舞蹈是一种很好的活跃身心的运动方式和娱乐活动。无论是酒吧还是社区，无论是古典舞还是现代舞，无论是正式的舞蹈比赛还是大街上欢乐的广场舞，舞迷们都尽情融入其中，不分年龄、不论性别，不给抑郁消沉的人独自悲伤的空间。每天翩翩于舞池，能锻炼身体，重塑身型，还可以与大家共同分享快乐，远离消沉与孤独。

朋友们，假如你的心情非常糟糕，不想起床也什么都不想做，那么请你鼓励自己出去走走转转，出去散散心，或许你就会发现事情没你想象得那么糟糕。大量研究表明，运动，尤其是剧烈的有氧运动，可以改善情绪，减轻焦虑，增进食欲、睡眠、性兴趣和自尊。同时，运动还能使大脑中与抑郁症相关的化学物质失衡而转向正常。

总之，动起来吧，甩掉身上的烦闷，甩去一身的疲惫，轻轻松松做一个快乐的人吧！

运动，让你的身体更加强壮，让你的心灵更加轻松。当你心烦意乱、心情压抑时，适度运动可带来好心情。虽然运动对于人排解不良情绪有益，但应该把握适当的度，否则会对大脑机能造成损害。并且，你要选择自己喜欢的运动，这样才能有恒心持久地练下去。

第14章

选择用好心情去驾驭生活：你选择快乐，快乐才会选择你

生命中，我们会面临许许多多的选择，每个人都想快乐，因为快乐像个使者，让我们忘记烦恼和痛苦。也许有许多人与生俱来就有很多快乐的因素，也有许多人一生漂泊，好像注定与快乐无缘，其实，只要用些心思就会发现快乐很容易，因为快乐是一种选择，只要你选择了快乐，快乐就会选择你。

想不想做个快乐的人，由你选择

快乐是我们一生的追求，失去了快乐，人生也会黯然无光。亚里士多德说过，生命的本质在于追求快乐，而使得生命快乐的途径有两条：第一，发现使你快乐的时光，增加它；第二，发现使你不快乐的时光，减少它。林肯也对快乐作过解释，那就是“境由心造”。你的心里有多快乐，你就会得到多少快乐。如果你想让自己不开心，那你时时刻刻都可以不开心。快乐有时候不在于周围的事物，而在于你的选择，选择快乐就会快乐。

所以说，快乐是一种选择，是一种人生态度。想不想做一个快乐的人，想不想自己去驾驭自己的情绪，那就要看你如何去选择。

曾经有一个姑娘因为自己的过失不小心伤了人，随后就入狱坐牢，一段时间过后她被释放了。可是她一直沉浸在痛苦的回忆中无法自拔。她试着去解放自己的心灵，在寺庙里一次次地祷告，一心寄托于佛祖的庇佑，希望佛祖让她摆脱痛苦的折磨。一位大师对这位姑娘一直以来的忧伤感到好奇，就问她到底发生了什么事情，以至于她一直满脸痛苦的样子。这时候姑娘一直以来的愁苦涌上心头，哭泣起来，泣不成声地说：“我多么不幸啊，我这一辈子都忘不了这件事情了……”

听罢，大师对她说：“姑娘，你是自愿坐牢的。”

这位姑娘被大师的话吓了一跳，说：“你说什么？我怎么可能自愿坐

牢？”

大师对她说：“尽管你已经从监狱里出来了，但在你的心里，仍旧天天心甘情愿地被关在牢中，这不正是自愿坐在心中的牢狱里吗？”

此时，姑娘才猛然顿悟，是啊，事情已经过去，一直以来是自己心甘情愿地把自己禁锢在牢狱里，是自己不愿意去选择快乐地活着。快乐是由心生，既然自己都不愿意快乐，那谁能帮得了我们呢？

大家想一想，当我们遇到不愉快的事情、心情非常糟糕时，若不能及时地清理掉，反而整天惦记着无法忘怀，那么这跟重蹈覆辙有何不同呢？若自己愿意沉浸在悲观中，不想走出来，那么谁还能解救得了自己呢？我们改变不了环境，但我们可以改变自己；我们改变不了事实，但我们可以改变态度；我们改变不了过去，但我们可以改变现在；我们不能控制他人，但我们可以掌握自己；我们不能预知明天，但我们可以把握今天；我们不可能样样顺利，但我们可以事事尽心；我们不能延伸生命的长度，但我们可以决定生命的宽度；我们不能左右天气，但我们可以改变心情……

有一位老人，可以说是德高望重。有一次，电视台邀请她去参加节目。来到这个节目，她没有经过任何排练，也没有精心准备，但是在节目录制的过程中，她给观众留下了深刻的印象。她精神极好，容光焕发，充满快乐。无论她想说什么，都毫不掩饰，而且思维敏捷。她的机智幽默，让听众捧腹大笑。大家都非常喜爱她。在这次节目中，她也和其他人一样感到特别兴奋。

节目最后，主持人向她咨询保持欢乐的秘密。“不，没有，”老人回答说，“我没有什么特别的秘密。这只不过和你脸上的鼻子一样普通。每天早上起床的时候，我有两种可能的选择：要么快乐，要么不快乐。你想我会选择什么呢？当然，我会选择快乐，这就是全部的秘密所在。”是啊，快乐在于自己的选择，你的生活态度，你的心情，全在于你的选择。

如果我们选择做一个快乐的人，做一个积极的人，那么，负面情绪将

会远离我们，畏惧我们。加油吧，做一个快乐的天使！

1.知足常乐

知足常乐这个词被多少人挂在嘴边用来劝慰自己，可是又有多少人能够真正做到呢？不懂知足，就不会真正地快乐。欲望无止境，学会克制，学会享受满足的那种感受，才会发现快乐真的很简单。

2.保持良好心态

有什么样的心态，就会有什么样的人生。人要想改变人生，首要条件就是改变人们的心态。只要心态是正确的，人们的世界也会布满光明。

3.不要斤斤计较

不快乐是因为有时候我们计较得太多，付出得太少，更悲哀的是总是斤斤计较。我们要学会礼让，学会包容，不要在芝麻大的事情上纠结费心。只有学会宽容，我们周围的气氛才会和谐，我们的心境才会欢乐。

随心而动会让你的心情更美

跟随自己的心，做自己喜欢的，这本身就是一种快乐。与其在拘束与反感中继续，不如放手做自己喜欢的事情，这是对情绪的解脱，对生活的追求。随心而动，让你的心情更加美丽吧！

2001年，华盛顿国立女性艺术博物馆举办了一个画展，名为“摩西奶奶在21世纪”。展览中展出了很多摩西奶奶的作品，吸引了大批的参观者。除此之外，展台上还陈列了一些关于她的收藏物件。其中有一件东西吸引了大家的目光，大家感到非常好奇，那是一张明信片，明信片的收件人是一个叫春水上行的日本人，寄送的时间是1960年。

这张明信片是第一次公布于众，上面有摩西奶奶画的一座谷仓和她亲笔写的一段话：做你喜欢做的事，上帝会高兴地帮你打开成功的门，哪怕

你现在已经80岁了。

人们好奇的是：摩西奶奶写这段话的缘由到底是什么呢？原来，春水上行一直以来是非常喜欢写作的，可是因为各个方面的原因，他在结束学业之后就到了一家整容医院上班了，久而久之，他越发苦恼、烦闷，不知道自己到底在做什么。年近三十，一直处于迷茫之中，未来的路不知道到底如何走下去，他不知该不该放弃那份令自己讨厌的职业，从事自己喜欢的行当。就是这样一封信，让摩西奶奶非常上心，因为她觉得这个人需要她的帮助，他在向她探求人生的大问题，而不像其他人一样，一味地恭维她的成就。虽然当时她已100岁了，但还是立即回了信。

摩西奶奶的一生也充满了传奇色彩。原本，她只是一名普通的农家妇女，在她76岁时，因为身体不好，她不再从事农活，在家休息，也就是从那时起，她开始了她所向往的绘画生涯。四年时间过去了，她在纽约举办了一次画展，从此之后引起了社会极大的关注。她活了101岁，一生留下绘画作品1600余幅，在生命的最后一年还画了40多幅。

做你喜欢的事情，爱你所做的事情，这或许是很多人的愿望，因为能够做自己热爱的事情就是一种很大的幸福，是一种美的享受。或许你有很多的钱，或许你位高权重，但是最快乐的时光莫过于做自己喜欢的事情，最本质的快乐在于你的心而不是外物。或许因为各种各样的原因，并非人人都可以做自己喜欢的事。因此，如果你幸运地找到了你喜欢做的事，你就应该勇敢大胆地去做，而不必理会世俗的眼光。不再抑郁，不再纠结，不再难过，活出最真实的快乐。

朋友们，或许你在别人眼里并不是最优秀的，但是你可以成为你心中最快乐的自己。所以，努力找到自己喜欢的事并为之奋斗不息，你将会拥有一个充实快乐的人生。

付出比接受更能使人快乐

“钱来自社会，应该用于社会”，这是一代富豪李嘉诚说过的一句话，他也是这样做的。很多成功人士在自己有所作为后，都会以极大的热忱投入到伟大的慈善事业中，奉献社会，散播爱心，这就是一种付出，一种精神。其实，付出比一味地去接受更快乐，更能得到内心深处的那份感动。在某些人的眼中，付出即意味着失去，而失去，则意味着不幸。实则不然，付出往往会是另外一种幸福。

李嘉诚的工作很忙，但他还是抛下工作亲自去汕头选择校址，购地900亩，建立汕头大学。他出资数亿港元为学校购置最现代化的设备，还物色教授，捐赠最好的电子教学仪器。此外，天灾面前我们也能看到他积极献爱心的伟大形象。1991年，洪涝灾害降临我国华东地区，人民群众遭受巨大的灾难，李嘉诚个人捐款5000万港币，成为当时个人捐款最多的企业家。1992年，李嘉诚与中国残联主席邓朴方会晤，他对邓朴方说，他和两个孩子经过考虑，决定再捐一亿港元，以此作为一个种子，通过各方面的共同努力，为全国的残疾患者办点实事。富有伟大爱心的李嘉诚在生意圈中树立了良好的公信力。当时任中共中央总书记的江泽民同志称赞他是“一个真正的爱国者”时，李嘉诚发自内心地感到喜悦：“这是我毕生最大的荣耀！”

有这样一则寓言故事：

有个穷书生和一位生意人死后在地狱里一起去面见阎王。看完功德簿，阎王就告诉他们：“你们两位一生也没做过什么伤天害理的事情，那现在我就给你们特权让你们来世投胎继续做人吧。可是前面有两条路让你们自己挑选，一种是做付出的人，一种是做索取的人。也就是说，一个人将要过付出、给予的人生；一个人将要过索取、接受的人生。”

这时，穷书生一听可是乐坏了，想想自己的这一生，过得是清贫寒

酸，甚至有时食不果腹，更不用说吃一顿好吃的了。现在竟然能有这样的机会让自己的来生过索取、接受的生活，那样就吃喝不愁，一生坐享其成就行了，想想这种幸福的滋味，真的是太美妙了，于是，他抢先一步喊道："我要做索取的人。"

既然这个书生已经选好了自己的出路，这个生意人也只能选择剩下的那条路了。他回想到自己的这一生过得不错，也积攒了一些家底，那就来生把它们都施舍出去吧。想到这里，他非常乐意地接受了这条路，决定做一个给予的人，奉献自己的爱心。

选择完毕，阎王开始对他们的来世作出了宣判："书生甘愿过索取、接受的人生，下辈子做乞丐，整天向人索取饭食，接受别人的施舍。商人甘愿过付出、给予的人生，下辈子做富豪，行善布施，帮助别人。"

听到这里，穷书生瘫坐在了地下，本想着这是一个明智之举，可以一生坐享其成，最终却换来了乞讨的来生。

高尔基说，给予别人永远要比向别人索取愉快得多。是的，懂得付出，你将收获双份的快乐，得到他人为你反馈回来的爱与感动。如果你不懂得这一道理，而只知一味地向别人索取，那生活就会向另一方向发展。

不要总是等待着去接受什么，学会给予，你将收获不一样的幸福感。

1.分享是一种快乐

懂得分享的人是快乐的人。因为，在你快乐的时候，若你能够把属于自己的美好分享给周围的人，那么，在你难过的时候，也会有很多的人来为你分担，减轻你的悲伤。把一个人的幸福拿出来分享，除了自己更加幸福，也能给别人带来幸福。学会分享，你就会收获更多的快乐。

2. 懂得珍惜

一个懂得珍惜的人才能更懂得什么是付出。我们要珍惜他人的好，珍惜他人为你付出的一切，并且懂得感恩，尽自己最大的能力多去帮助别人。付出也可以对社会、国家，为社会献出一份爱心是在付出，为国家多

赢得一些荣誉、热爱祖国，这也是付出。

好心情，让生活更多彩

人生在世，不如意之事时常有之，这时候我们就要懂得驾驭生活、图绘生命的色彩，如此才能在有限的生命中活出你最精彩的一面。人生是一场跋涉，走久了，才知心酸，才知艰难，才有坚韧，才有渴望。前方的路，尽管遥远、尽管颠簸、但脚步依然、追求依然、方向依然。因为，我们的目标是每天都充满好心情，让生活更多彩。

有这样一个人，无论何时何地，无论环境如何，他都能从生活中挖掘到快乐。

年轻的时候他和多位朋友一起住在一间非常狭小的屋子里，但是从没听到过他有丝毫的抱怨。

有人问："你们一大群人挤在一起，这么不方便的生活，你怎么还能这么高兴？"

他说："朋友住一块儿，随时可交流思想和感情，这还不值得高兴啊？"

过了一些日子，他的好友们都有了自己的家，小屋只留下他一个人。他仍然一样欢喜。

那人又问："你孤孤单单的一个人，还能高兴什么啊？"

他说："我有很多的书籍，一本书足以称得上一个老师，这么多老师济济一堂，我怎能不高兴呢？"

没几年的时间，他也有了自己的小家，住在他们那座楼的底层。底层的环境特别不好，很多人乱扔垃圾，他家四周臭味熏天。但他依然整天喜气可人。有人好奇地问："你家住在这样的环境，还能高兴啊？"

“照样高兴！”他说，“住一楼的妙处你有所不知，我略举一二：到自家跨步就到，不必爬高楼，特别是搬个东西方便得很；朋友来了一下子就找到了，不必费心一层层去找；另外还有一个很大的乐趣——种花、种草、种菜，其乐无穷啊！”

过了一年，他就把底层的房子让给了一位瘫痪的朋友，他搬到了七楼，但是他还是充满着好心情。

以前的那个人带着取笑的口吻说：“老先生，七楼好处也很多吧？”

他说：“没错，好处多着呢！例如，每天上下楼梯，活动了身体；光线也不错，看书写字不伤眼睛；天花板不会乱响，白天黑夜都很宁静。”

这个人就是苏格拉底，古希腊著名的思想家、哲学家、教育家。不论何时，处于什么样的环境，他都能活得乐观开朗，让生活处处充满着好心情。因为他懂得即便再差的生活也会有美好的一面，关键看你是否能够懂得去感知其中的快乐！

好心情，让生活更多彩。此刻，朋友们，你的心情是否阳光明媚呢？保持良好心情的“砝码”就在你的手中。

1.憧憬未来

我们要坚信未来一定是美好的、幸福的，这样才有更为积极向上的心态去面对未来。只有经常憧憬美好的未来，才能始终保持奋发进取的精神状态。不管命运把自己抛向何方，都应该泰然处之。

2.转移情绪

情绪是可以转移的，比如，心情不好的时候或者与朋友发生争执的时候，你可以试着克制自己，远离现场，去别的地方，或许不一样的环境会使你的心情有所转变。也可以同别人去爬山，或者参加一些文体活动，这样很快就能把原来的不良情绪冲淡以至赶走，而重新恢复心情的平静和稳定。

自信，让你绽放光彩

高尔基说过：“有满怀自信的人，才能在任何地方都怀有自信沉浸在生活中，并实现自己的意志。”

自信，让你更为出色；自信，让人生更为精彩。肯定自己，才能超越自己，绽放不一样的光彩。我们没必要怯懦，更没必要纠结，相信自己能做得更好，带着自己的闪光点不断前进，去征服未知的世界吧！

春秋战国时期，在楚国有一个叫卞和的人，这个人物与后来的“和氏璧”有着很大的关联。相传有一天他在山上偶然看到一块石头，看似普通，但他坚信这不是一块普通的石头，而是一块不平凡的宝玉，于是他便把它带回家，然后献给了当时在位的楚厉王。厉王就叫辨别玉的专家来鉴定，鉴定的结果说是石头。厉王大怒，认为卞和在欺骗戏弄自己，就以欺君之罪名，砍掉了卞和的左脚。过了一段时间，厉王死了，武王即位，于是卞和就又拿着这个宝贝去面见武王。结果，专家鉴定之后，他们又认定这是一块普通的石头，于是卞和以欺君之罪又被砍掉了右脚。武王死后，文王即位。卞和抱着玉璞到楚山下大哭，一直哭了三天三夜，眼泪都哭干了，最后哭出了血。文王听说后，就派人问他，说：“天下被砍掉脚的人很多，都没有这样痛哭，你为什么哭得这样悲伤呢？”卞和回答说：“我不是为我的脚被砍掉而悲伤、痛哭，我所悲伤的是有人竟把宝玉说成是石头，给忠贞的人扣上欺骗的罪名。我相信我是对的！”文王就派人对这块玉璞进行加工，果然是一块罕见的宝玉，于是将这块宝玉命名为“和氏璧”。由于这块宝玉十分珍奇，加之来历不平凡，因此，便成了世间所公认的至宝，价值连城。

如果没有卞和，就没有当时的和氏璧，是他的那份执着和坚定不移的自信让和氏璧成为光照史册的宝玉。正因为他相信自己的判断，相信那是一块不平凡的宝石，才以自信的力量成就了和氏璧。否则，或许和氏璧就

被埋藏在深山中而无人赏识，无法体现它最大的价值了。

美国前总统罗斯福，相信大家都不陌生。当他还是参议员的时候，已经非常出色了，可以说有风度，有才干，潇洒英俊也不输常人，深受大家的喜爱。曾经有一次，在加勒比海度假的时候，罗斯福游泳时感到身体不适，腿部麻痹根本没法动，可以说情况非常危险，多亏身边有人帮他脱离了困境，也算是有惊无险。经过医生的诊断，罗斯福被证实患上了“腿部麻痹症”。医生对他说：“你可能会丧失行走的能力。”罗斯福并没有被医生的话吓倒，反而笑呵呵地对医生说：“我还要走路，而且我还要走进白宫。”

拿破仑·希尔说：“自信，是人类运用和驾驭宇宙无穷大智的唯一管道，是所有‘奇迹’的根基，是所有科学法则无法分析的玄妙神迹的发源地。”即便是身处困境，罗斯福也能自信地面对，对自己的前途充满着信心，相信自己可以做得更好更出色。因此，他在做事时，总是付出全部精力，排除一切艰难险阻，直到胜利。

自信人生，积极乐观，让你的每一天充满向上的好心情。

1.经常关注自己的优点和成就

如果你不是非常自信，总是不时地出现消极的情绪，那么你就要懂得学会肯定自己，发现自己的优点。每个人身上都有着一定的闪光点，我们要善于发现，鼓励自己，告诉自己“我真的很棒”，可以完成更多的目标。

2.注意交往的对象

“近朱者赤，近墨者黑。”你若常和悲观失望的人在一起，你也将会萎靡不振。若你经常与胸怀宽广、自信心强的人接触，你一定也会成为这样的人。多与有志向、有信心的人交朋友吧。

不要让自卑影响好心情

“我不行”“我做不到，肯定会失败”“为什么又是我”……生活中，这些随口说出的话，其实多半是人们内心的自卑心理在作怪。它们看似是一些口头禅，时间久了却对自己的自信心有着很大的打压作用。自卑会影响人们的生活，影响人们的工作，这是一种非常严重的消极心理。因此，及早地走出自卑，对于自己的身心健康有着极为重要的意义。

提起著名球王贝利，可以说是无人不知无人不晓。其实贝利年轻的时候很自卑，当他第一次接到桑托斯足球队的邀请时，曾经整整一夜没有睡，除了激动外，更多的则是紧张与害怕。他翻来覆去地想着：“那些著名球星们会嘲笑我吗？万一发生那样的事，我还好意思回来见家人和朋友吗？”他甚至还毫无理由地猜测：“即使那些大球星们愿意与我踢球，也不过是想用他们绝妙的球技，来衬托我的笨拙和愚昧。如果他们在球场上把我当猴子一样戏弄、嘲笑，完了再把我赶回家，那可让我怎么办呀？”

最终，贝利还是决定到桑托斯足球队。然而他既紧张又害怕，他原本以为刚进球队只不过是练练盘球、传球什么的，然后便肯定会当板凳队员。然而，他刚进入球队遇到的第一场比赛，教练就让他上场，还让他踢主力中锋。贝利紧张得半天没回过神来。双腿好像长在别人身上，每次球滚到他身边，他都像是看见别人的拳头向他击来。他几乎是被硬逼着上场的。但是当他不顾一切地在场上奔跑起来时，他便逐渐忘了是跟谁在踢球，甚至连自己的存在也忘了，只是习惯性地接球、盘球和传球。在球场上踢球时，桑托斯球队已经被他抛到脑后了，他好像在故乡的球场上一样游刃有余。

贝利之所以顾虑重重，就是因为他对自己失去了信心。而一旦自信被找回，紧张和自卑自然会消失得无影无踪。曾经让他觉得恐惧的明星队员们，对他也很友好，谁也没有嘲弄过他。

这就是球王贝利从自卑走向自信的心理历程。虽然“自卑”与“自信”只差一字，意思却相去万里。自信能让人忘掉痛苦，能让人在绝望中看到希望。

总之，相信自己，你就能做得更好，相信自己，你就能更加乐观。走出自卑的灰暗期，让更多的阳光洒进你的心田。

怎样才能走出自卑的不良情绪呢？以下几点将教你如何去做。

1.挑前面的位子坐

人多的地方会让人紧张，有时候甚至让人不知所措，这时候我们就必须有足够的勇气和胆量。慢慢地，自己锻炼得足够成熟时，在公众场合就会显得从容不迫了，自卑也就在潜移默化中变为自信。把这当作一个规则试试看，从现在开始就尽量往前坐。虽然坐前面会比较显眼，但要记住，有关成功的一切都是显眼的。

2.当众发言

一般来说，敢于在大众面前发言的人相对比较自信，当众发言也是一种使人变得自信的方式。不论是参加什么性质的会议，每次都要主动发言。有许多原本木讷或有口吃的人，都是通过练习当众讲话而变得自信起来的，如萧伯纳、田中角荣、德摩斯梯尼等。因此，当众发言是信心的“维他命”。

参考文献

[1]剑圣喵大师. 优秀的人，从来不会输给情绪[M]. 苏州：古吴轩出版社，2017.

[2]金圣荣. 超级情绪自控术[M]. 北京：人民邮电出版社，2013.

[3]郭英. 情绪控制的100种方法：超有效的情绪整理术[M]. 北京：中国法制出版社，2016.

[4]蔡凯仲，刘荔. 别让负面情绪影响你[M]. 北京：北京工业大学出版社，2016.